百万人の電気工事

関電工 編

の

Electrical Work
for
A million people

第3版

Ohmsha

まえがき

　近年、ＩＴ関連機器や太陽光発電を始めとする再生可能エネルギーの施設の増加など、電気設備の多様化・高度化は益々増大してきており、電気供給に対する重要性もより一層高まってきています。このため、これまで以上に安全で、信頼性の高い電気設備が要求されています。

　電気設備工事に使用される材料や工具の進歩も近年著しく、以前より安易で効率的に作業を進めることができる作業も増えてきました。しかし、基本作業が十分理解できていなければ、それらの優れた工具や材料を生かすことができません。最近の複雑化・多様化の進んだ設備に求められている高い信頼性を確保することはできません。そのためには、基本に忠実で正しく正確な技術を身に付け、法令に則った施工を行うことが重要となります。

　本書は、1997年に発行しました『絵とき 百万人の電気工事（改訂版）』を全面的に見直し、改題改訂として発行するものです。電気工事に携わる人のために、法令を交えながら、図と写真を使って電気工事の基本作業について説明しており、屋内電気工事の実務に携わる技術者はもちろんのこと、電気工事士を目指す方にも大変役立つものと考えます。本書が、電気工事の仕事に携わる多くの皆さまの助けとなれば幸いです。

2021年10月　編者

第3章　電気工事の作業 ··· 041

第1章 電気工事とは

電気工事士法において、電気工事は「一般用電気工作物または自家用電気工作物を設置し、または変更する工事を言う。ただし、政令で定める軽微な工事を除く」と定義されています（第2条第3項）。第1章では、電気工作物の種類と範囲および工事に必要な資格、関連する法規を交えながら、電気工事について、わかりやすく解説していきます。

1.1 電気工作物の種類と範囲

 電気工作物とは

電気工作物とは、簡単に言うと、電気を供給するのに必要な設備を指します。具体的には、発電所、変電所、送電線、配電線、屋内配線、または電気の使用のために設置する設備（機械、器具、ダム、水路、貯水池、電線路など）で、使用目的や取り扱う電圧・需要家の最大電力によって区分されています。

　電気工作物は、**図 1.1.1** で示す通り「事業用電気工作物」と「一般用電気工作物」に区分されています。**「事業用電気工作物」の内訳として、「電気事業用電気工作物」と「自家用電気工作物」に分類されています**。

▶一般用電気工作物

　一般用電気工作物とは、600V 以下で受電する建物および出力の小さい発電設備（小出力発電設備）で、構外に渡る配電線路を有さないものを指します。具体的には一般家庭、商店、小規模事業所などや、家庭用太陽光発電・燃料電池発電などがこれに該当します。

▶電気事業用電気工作物

　事業用電気工作物は、法律では「一般用電気工作物以外の電気工作物」と定義されてます。そのうち電気事業用電気工作物は、電力会社や電力自由化に伴う電気小売業者などの電気事業者が電気の供給を行うために設置する電気工作物を指し、発電所、変電所、送電線路、配電線路などがこれに該当します。

▶自家用電気工作物

　自家用電気工作物は、法律では「電気事業の用に供する電気工作物および一般用電気工作物以外の電気工作物」と定義されています。具体的には、電力会社から 600V を超える電圧で受電して電気を使用する設備と、600V 以下の低圧で受電している施設に小出力発電設備以外の発電設備が設置されている場合を指します。6kV 高圧受電、または 20kV、60kV の特別高圧受電の高層ビル、病院、学校、ホテル、スポーツ施設、さらに出力 10kW 以上の非常用ディーゼル発電機や出力 50kW 以上の太陽電池発電設備などを設置している施設がこれに該当します。

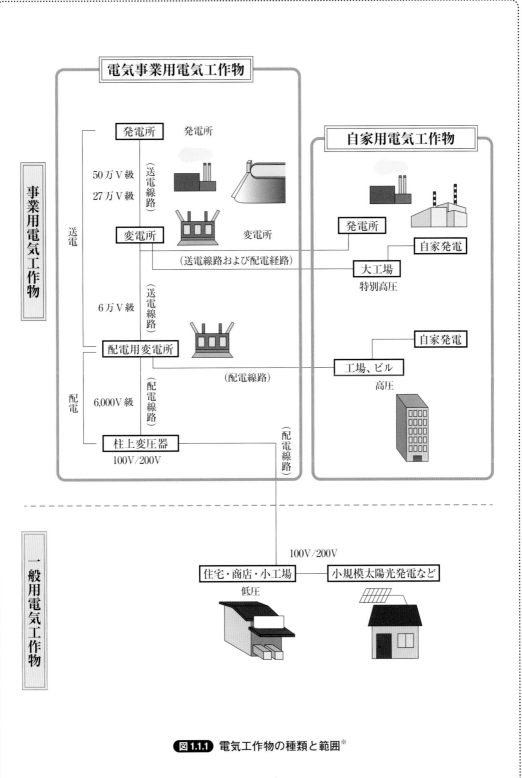

図 1.1.1 電気工作物の種類と範囲※

※ 引用・参考文献：経済産業省 HP「電気工作物の保安」(https://www.meti.go.jp/policy/safety_security/industrial_safety/sangyo/electric/detail/setsubi_hoan.html)

1.2 電気工事に必要な法規

電気工事の安全

日本では、電気工事の欠陥による災害の発生を防ぐため、また、電気工事に携わる作業者の安全を守るために、さまざまな法律で管理し電気工事の安全の維持に努めています。ここでは、電気工事に必要な法規について簡単に解説します。

1.2.1 電気の保安と関係法令

　電気保安に関する日本の法体系は、電気工作物の設置者が電気保安に関する知識を有している場合には、電気事業法により設置者を規制することによって、保安を確保するとしています。他方、設置者が電気保安に関する知識の乏しい場合には、設置者だけでなく、電気工事士法や電気工事業法、電気用品安全法により電気工事を行う者を規制すると共に、電気工事業者を指導監督し、配線材料の製造、販売および使用を規制することで保安を確保することを基本としています。

　上記のような背景により、これまでの事業用電気工作物は電気事業法の規制対象、一般用電気工作物は電気工事士法などの規制対象とされていました。しかし、一般用電気工作物に該当していた

- ・自家用電気工作物
  （最大電力500kW以上）
- ・電気事業用電気工作物

電気事業法

技術基準の適合維持義務（第39条）
・事業用電気工作物設置者に対して、その事業用電気工作物を技術基準に適合するように義務を課しています
技術基準の適合維持義務（第40条）
・経済産業大臣は、事業用電気工作物が技術基準に適合していない場合、設置者に対して、修理、改造、移転、使用の一時停止、使用制限を命ずることができます
保安規程作成・届出・遵守義務（第42条）
・点検および検査の方法などを定めた保安規程を作成届出し、設置者とその従業員に対し遵守することを規定しています
主任技術者選任義務・主任技術者職務誠実義務（第43条）
・設置者には、事業用電気工作物の工事、維持および運用に関する保安の監督を行う主任技術者の選任義務を課しています。また、選任された主任技術者には、誠実義務を課しています
工事計画届出義務（第48条）
・事業用電気工作物の設置または変更の工事であって、主務省令で定めるものをしようとする者はその工事の計画を主務大臣に届け出なければならない

- ・自家用電気工作物
  （最大電力500kW未満）
- ・一般用電気工作物

電気事業法

技術基準適合調査義務（第57条）
・一般用電気工作物と直接電気的に接続する電線路維持運用者は、一般用電気工作物が技術基準に適合しているかどうかを調査しなければならない
技術基準適合命令（第56条）
・経済産業大臣は、一般用電気工作物が技術基準に適合していないと認めるときは、その所有者または占有者に対し、修理改造を命じ、その使用を制限することができる

電気工事士法

第一種電気工事士による工事義務（第3条第1項）
・第一種電気工事士免状交付者でなければ自家用電気工作物の工事に従事してはならない
第一種、第二種電気工事士による工事義務（第3条第2項）
・第一種および第二種電気工事士免状交付者でなければ一般用電気工作物の工事に従事してはならない

電気工事業法

電気事業の登録（第3条）
・電気工事業を営もうとする者は、経済産業大臣または、都道府県知事の登録を受けなければならない

電気用品安全法

販売制限（第27条）
・販売の事業を行う者は、PSEマークなどが付されているものでなければ、販売してはならない
使用制限（第28条）
・PSEマークなどが付されているものでなければ、電気工作物の設置または変更の工事に使用してはならない

図1.2.1 電気工作物の種類と電気保安体系と、関連条文の概要

中小ビルなどの電気設備が、空調設備、情報設備などの普及により大型化して、電気事業法に基づく分類上は自家用電気工作物に該当するものが多くなってきた一方で、設置者の電気保安に関する知識は依然として一般家庭などの場合と大差なく事故も多発していることから、その保安確保のためには、電気工事の実施段階で工事を行う者を規制する必要が生じてきました。

このため、1987年（昭和62年）の法律改正において、自家用電気工作物の工事の一部が一般用電気工作物と同様の規制対象に変更され、現在は**図1.2.1**のように区別されています。

1.2.2 その他の関係法令

関係法令のうち、電気事業法、電気工事士法、電気工事業法、電気用品安全法が電気工事の保安を守るために大きく関係していることがわかりました。

電気工事を行う上ではさらに、建設業法、建築士法、建築基準法、消防法、労働安全衛生法に基づく労働安全衛生規則などの確認が必要となります。中でも労働者の安全を守るために重要になるのが「労働安全衛生法」です。同法第59条には「事業者は、危険または有害な業務で、厚生労働省令で定めるものに労働者を就かせるときは、厚生労働省令で定めるところにより、当該業務に関する安全または衛生のための特別の教育を行わなければならない」とあり、労働安全衛生規則第36条には危険または有害な業務で、厚生労働省令で定める内容が第1項から第41項まで細かく定められています。電気工事を行う上で主に関連してくる条項を**表1.2.1**に示します。必要な教育を受け十分な知識を持って安全に作業することが求められます。

表1.2.1 特別教育を必要とする危険・有害業務一覧（労働安全衛生規則第36条より抜粋）

第36条号数	特別教育を必要とする危険・有害業務一覧 （労働安全衛生法第59条第3項・労働安全衛生規則第36条）	特別教育名称
1	研削といしの取り替えまたは取り替え時の試運転の業務	研削といし取り替え試運転作業者
4	高圧・特別高圧の充電電路・その支持物の敷設などの業務	高圧・特別高圧電気取り扱い業務
4	低圧の充電電路の敷設、修理の業務など	低圧電気取り扱い業務
10の5	作業床の高さ10m未満の高所作業車の運転業務	高所作業車運転者（10m未満）
11	動力駆動の巻上機の運転業務	巻上機運転者
19	玉掛業務（1トン未満のクレーン）	玉掛け作業者
26	酸素欠乏危険場所における作業に係る業務	酸素欠乏危険作業者
39	足場の組み立て、解体または変更の作業に係る業務	足場の組み立て作業等作業
41	高さが2m以上の箇所であって作業床を設けることが困難なところにおいて、墜落制止用器具のうちフルハーネス型のものを用いて行う作業に係る業務	フルハーネス型墜落制止用器具

★ 電気工事士の資格を持っていても、第36条第4号の特別教育は受けなければならない

1.3 電気工事の種類と必要な資格

電気工事士法に定める工事の種類と資格

1.1 節で解説した電気工作物の種類と範囲に併せて、使用される電圧、需要設備の最大電力、設備の種類などにより、電気工事を行うために必要な資格が定められております。ここでは、電気工事資格別に、施工できる電気工事の種類を示します。

▶第一種電気工事士が従事することができる電気工事

- ✓ 最大電力 500kW 未満の需要設備
- ✓ 一般電気工作物の電気工事（ネオン用の設備および非常用予備発電装置の電気工事を除く）

▶第二種電気工事士が従事することができる電気工事

- ✓ 一般用電気工作物の電気工事

▶特殊電気工事資格者が従事することができる電気工事

- ✓ 最大電力 500kW 未満の需要設備のうち、ネオン用の設備または非常用予備発電装置の電気工事

▶認定電気工事従事者が従事することができる電気工事

- ✓ 最大電力 500kW 未満の需要設備のうち 600V 以下で使用する電気工作物（例えば高圧で受電して低圧に変換された後の 100V または 200V の配線、負荷設備など）の電気工事

表 1.3.1 電気工事士法第 3 条に基づく資格と工事の範囲

資格	自家用電気工作物				一般用電気工作物
	500kW 未満				
	右記以外	電線路を除く 600V 以下（簡易電気工事）	ネオン設備	非常用予備発電	
第一種電気工事士	○	○	×	×	○
第二種電気工事士	×	×	×	×	○
特殊電気工事資格者（ネオン）	×	×	○	×	×
特殊電気工事資格者（非常用予備発電装置）	×	×	×	○	×
認定電気工事従事者	×	○	×	×	○ ※第二種免状所有者に限る

★ 500kW 以上の自家用電気工作物の電気工事は、電気主任技術者の監督の下で工事が実施される

1.4 電気工事士資格が必要な作業・不要な作業

 電気設備のすべての作業で資格が必要?

1.3 節で電気工事の種類と必要な資格について示しましたが、建設現場で電気設備の施工に携わるためには、さまざまな工事や作業をこなす必要があります。その中には電気工事として除外されているもの、資格が不要なものなども含まれます。ここでは、資格が必要とされている作業と、不要な作業について解説します。

1.4.1 電気工事士などの資格が必要な作業（電気工事士法施行規則第2条）

▶一般用および自家用電気工作物の電気工事

- ✓ 電線相互接続
- ✓ がいし引き工事（取り外しを含む）
- ✓ 電線を直接造営材またはその他の物件への取り付け（取り外しを含む）、電線管などへの通線
- ✓ 配線器具の取り付け・取り外し・結線（露出型を除く）
- ✓ 電線管の加工、接続
- ✓ 金属製ボックスの取り付け・取り外し

- 電線、電線管、線樋、ダクトなどの造営材貫通部分への金属製防護の取り付け・取り外し
- ✓ 金属製の電線管、線樋、ダクトなどをメタルラス、ワイヤラス張り、金属板張り部分への取り付け・取り外し
- ✓ 配電盤の取り付け・取り外し
- ✓ 接地線の取り付け・取り外し、接続
- ✓ 接地極の埋設と接地線の接続
- ✓ 600V 超の電気機器への電線接続

▶自家用電気工作物の簡易電気工事（認定電気工事従事者）

- ✓ 600V 以下で使用する自家用電気工作物に係る電気工事（電線路に係るものを除く）

▶自家用電気工作物の特殊電気工事（特殊電気工事資格者）

- ✓ 自家用電気工作物のネオン工事
  - 例）ネオン用として設置される分電盤、主開閉器（電源側の電線との接続部分を除く）、タイムスイッチ、点滅器、ネオン変圧器、ネオン管およびこれらの付属設備に係る電気工事など
- ✓ 自家用電気工作物の非常用発電設備工事
  - 例）非常用予備発電装置として設置される原動機、発電機、配電盤（他の需要設備との間の電線との接続部分を除く）およびこれらの付属設備に係る電気工事

1.4.2 電気工事士などの資格が不要な作業

▶電気工事のうち軽微な作業（電気工事士法施行規則第 2 条）

- ✓ 保安上支障がないと認められる作業で、電気工事士などの資格が必要な作業に明記されてい

る作業以外の作業

▶ 電気工事士などの資格が必要な作業に明記されているものの、資格者の補助作業

   ✓ 資格者は第一種または第二種電気工事士および特殊電気工事資格者を指し、その補助作業

▶ 軽微な工事（電気工事士法施行規則第 1 条で電気工事として除外されている）

   ✓ 電圧 600V 以下で使用する差し込み接続器、ローゼットに電線を接続する工事およびブレーカーなどの開閉器の 2 次側に機械装置などのコードを接続する工事

    注）上記以外にその他の接続器および開閉器の接続作業も含まれますが、コードまたはキャプタイヤケーブル以外の接続は電気工事士などの資格が必要となります。

   ✓ 電圧 600V 以下で使用する配線器具を除く交流用電気機械器具（汎用モーターなど）および蓄電池の端子に電線をねじ止めする工事

   ✓ 電圧 600V 以下で使用する電力量計、電流制限器を取り付け、または取り外す工事（電力量計および電流制限器（アンペアブレーカー）は、電力会社が契約電力に基づき設置する機器であるため、電気工事士法の対象外）

   ✓ インターホンや火災感知器などの二次電圧 36V 以下の小型変圧器二次側配線工事

   ✓ 電線を支持する柱、腕木その他これらに類する工作物を設置し、または変更する工事

   ✓ 地中電線用の暗渠または管を設置し、または変更する工事

*差し込み接続器とは
写真の差込プラグ（オス側）／プラグ受け（メス側）が主な例で、コードを接続して使用するもの

*ローゼットとは
コード吊り照明に使用され、電線とコードを接続する機器（写真は角形のボディ）。ボディとキャップでセットになっているが、キャップにコードを接続する作業を指す

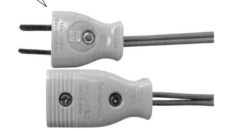

図 1.4.1 差し込み接続器の例

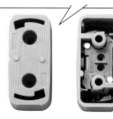

図 1.4.2 ローゼットの例

*ブレーカーなどの開閉器とは
例えば写真のような工事現場の電源盤内に設置されているブレーカーの 2 次側に機械装置の電源コードを接続する工事

図 1.4.3 仮設分電盤※

※ 写真提供：セフティー電気用品株式会社

第2章 電気工事の基礎作業

近年、ビルの高層化や工場の大形化に伴い、電気設備工事も複雑化・多様化しています。一方で、材料や工具の進歩も著しく、作業の省力化が進んではいますが、電気工事士として「電気設備に関する技術基準を定める省令（電技省令）」に基づく施工を忠実に行うためには、基礎作業・施工技術・技能をしっかりと身に付けておくことが重要です。ここでは、電気工事を行うにあたって必要な基礎作業について解説します。

2.1 墨出し作業

建築現場において電気設備の工事を始める第一歩となるのが、機器などを取り付ける場所や電線管路を立ち上げたりする場所を記す「墨出し作業」です。これを誤って行うと、機器を誤った場所に取り付けてしまったり、埋設配管が目的の場所に立ち上がらず使用できなくなったりと、最終的に手直しが必要となってしまうため、正確性が要求される重要な作業です。ここでは、正確に作業を行うための墨の種類と見方、および墨の出し方を解説します。

2.1.1 基本墨の種類と見方

　電気設備工事に使用する墨出し作業には、基準となる建築の基本墨（親墨）が必要です。基本墨には、「芯墨（しんずみ）」「陸墨（ろくずみ）」「返り墨」や「逃げ墨」などの種類があります。これらの墨を利用し、配電盤の架台（ベース）、分電盤、照明器具、アウトレットボックスなどを正しい位置へ正確に取り付けます。この基本墨の種類や見方を理解できていなければ、正確な作業はできません。ここでは、基本墨の種類と見方について解説します。

▶芯墨

　柱、梁などの通り中心を示す、基準となる墨です（**図 2.1.1**）。図中の🅑通り、🅒通りが芯墨で、矢印のような印が付されます。

▶返り墨

　芯黒（基準墨）より一定距離を返った（離れた）墨のことで、「逃げ墨」とも言います。**図 2.1.1**の🅐通り、❶通り芯のように、壁ができる場合は芯墨が見えなくなるため、平行に墨を出して芯墨方向に矢印を付けます（**図 2.1.2**）。

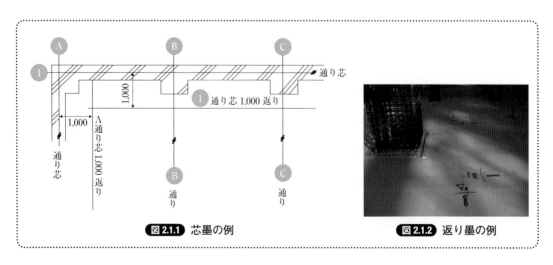

図 2.1.1 芯墨の例　　　**図 2.1.2** 返り墨の例

▶水墨

　スイッチやコンセントなどの壁に取り付ける機器の基準となる墨で、壁面に水平に出されます。「陸墨（ろくずみ）」とも言います。**図2.1.3**の🅐に示すように、床仕上げ面（FL）から 1,000 mm の高さに出すものが一般的です。

▶仕上げ墨

　仕上がり面から一定の距離を逃げて（離れて）出す墨です。**図2.1.3**の🅑は、この墨より 300 mm 返った位置が壁の仕上がりであることを示し、🅒は、この墨から 100 mm の位置が柱の仕上げであることを示しています。

▶ニジリ印

　墨が弾けて二重になってしまった場合に使われ、「修正墨」とも言います。**図2.1.4**の🅐は上側が正しい墨で、🅑は下側が正しい墨を示したものです。

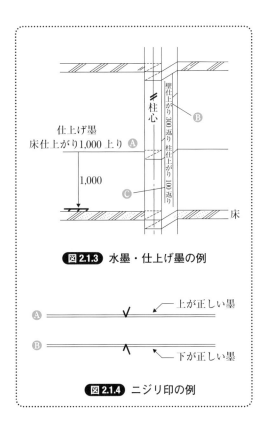

図2.1.3 水墨・仕上げ墨の例

図2.1.4 ニジリ印の例

2.1.2 墨出しに必要な工具の種類と用途

▶1　レーザー墨出し器

　光を利用した垂直ラインと、それに交わる水平ラインの墨出し器です。床に出した照明開口の墨を天井に投影して、スイッチやコンセントなどの取り付け高さを出すために使用されます。

▶2　スケール

　基本墨から取り付ける機器までの寸法を計測するために使用します。始点に引っ掛けて使用する場合と押し付けて使用する場合があるため、先端金具に誤差をなくすための遊びがあるのが特徴です。通常は、正確に計測するために 100 返り（始点を 100 mm の所に合わせ、決められた寸法に 100 mm プラスした所で記す）で計測することが一般的です。

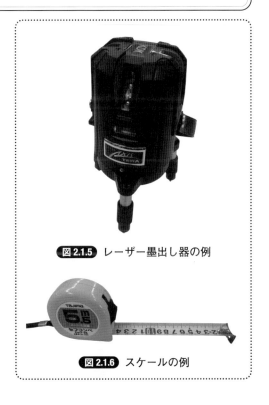

図2.1.5 レーザー墨出し器の例

図2.1.6 スケールの例

▶3 水平器

水平垂直を測定するものです。壁に取り付けた機器が水平垂直に取り付けられているかを、筒の中の気泡が真ん中にくるかどうかで確認できます。

▶4 下げ振り

垂直を見るものです。分電盤が垂直に取り付けられているかの確認や、床に出されたスイッチ、コンセントの位置墨を垂直に上げて正しい位置に取り付けるときに使用します。

▶5 曲がり尺

直尺をL形（90度）にしたもので、差し金とも呼ばれています。盤、プルボックスなどの電線管のノック穴の位置や鋼材加工の墨出しに用います。

▶6 墨つぼ

照明器具の開口などに墨を打つためのものです。基本墨と間違わないように朱色の墨を用いられることが多です。

▶7 チョークライン

墨つぼと同様の用途に用いられますが、墨つぼと違って中にはチョークの粉が入っています。墨の場合は消せないというデメリットがあるため、主に仕上げ面や塗装仕上げの天井面で用いられます。

▶8 水糸

天井軽鉄下地の器具芯などに張り、照明器具開口を確認するために使用します。

※1　写真提供：株式会社アカツキ製作所
※2　写真提供：シンワ測定株式会社

図 2.1.7 水平器の例※1

図 2.1.8 下げ振りの例

図 2.1.9 曲がり尺の例※2

図 2.1.10 墨つぼ（自動巻き）の例

図 2.1.11 チョークラインの例※2

図 2.1.12 水糸の例※2

2.1.3 墨出しの手順例（照明器具開口）

　天井に取り付ける照明器具や非常用スピーカー、火災報知器などの開口を行うための墨出しには、一般的に天井伏図（**図2.1.13**）を用いて行います。ここでは天井伏図を使用した墨の出し方の手順例を示します。

　図2.1.13の太枠（緑）で囲んだ部分を拡大すると、連結2台の照明器具（開口2,500 mm × 220 mm）と非常照明器具開口直径100 mm（100 φ）があることがわかります。ここでは照明器具と非常照明の開口墨の出し方の手順を解説します。

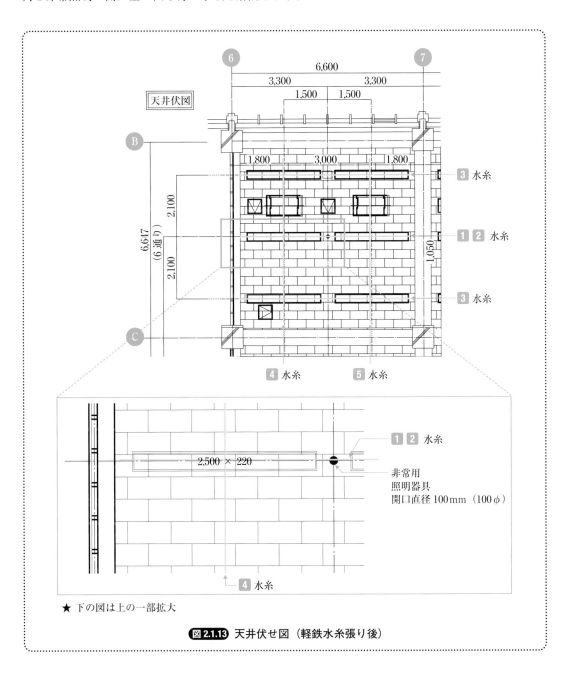

★ 下の図は上の一部拡大

図 2.1.13 天井伏せ図（軽鉄水糸張り後）

▶天井軽鉄下地への墨出し

　まず天井軽鉄下地ができあがった段階で、照明器具がスムーズに取り付けられるように開口部を確保し、軽鉄下地が干渉する場合は墨を出して建築業者に補強を入れながら切ってもらいます。

1 床面**B**通りの 1,000 mm 返り墨から 2323.5 mm（6,647÷2－1,000：器具芯）を**6**通り付近と**7**通り付近に記し、レーザーポイントを用い天井面に投影します。

2 レーザー照射部の軽鉄に水糸を結び、**6**通りから**7**通り間に糸を張ります。

3 スケールを用い天井面水糸から 2,100 mm 振り分けで同様に水糸を張ります。

4 床面**6**通りの 1,000 mm 返り墨から 800 mm を同様に記し、**B**通りから**C**通り間に水糸を張ります。なお、800mm は、**6**〜**7**間の半分の距離（3,000 mm）から、**6**〜**7**間の中心から 1,500mm と、**6**通りの 1,000 mm 返り墨を引いた値です（3,300－1,500－1,000＝800）。

5 スケールを用いて同様に器具芯間 3,000 mm の位置に水糸を張ります。

6 スケールを用い、水糸の交差する所から左右に 1,250 mm、上下に 110 mm 内に干渉する軽鉄がないかを確認します。軽鉄が干渉する場合は、赤マジックで印を付け、赤テープで表示します（**図 2.1.14**）。

図 2.1.14 天井軽鉄下地への墨出し。器具が軽鉄に干渉するため、軽鉄に赤マジックで印を付けて目立つように赤テープで表示する

▶天井ボードへの墨出し

次に、天井ボード貼りが進んできた段階で墨出しを行い、必要な開口を書きます。

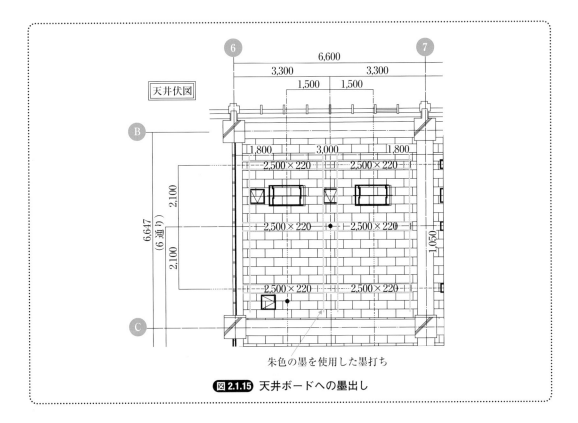

図 2.1.15 天井ボードへの墨出し

☐1 床面Ⓑ通りの 1,000 mm 返り墨から 2323.5 mm（6,647÷2 − 1,000：器具芯）を⑥通り付近にレーザーポイントを用いて天井面に投影します。

☐2 天井面レーザーポイント照射部分に印を付けます。

☐3 印から 110 mm 振り分け（器具幅 220 mm）で印を付けます。

☐4 同様に⑦通り側でも印を付けます。

☐5 床面⑥通りの 1,000 mm 返り墨から 2,300 mm（3,300 − 1,000：⑥−⑦間芯）をⒷ通り付近に記し、レーザーポイントを天井面に照射して印を付けます。

☐6 スケールを用いて、印から 250 mm（1,500 − 1,250）振り分けで印を付け、さらにそこから 2,500 mm の所へ左右に印を付けます。

☐7 同様にⒸ通り側でも印を付けます。

⑧ ⑥－⑦通り間および Ⓑ－Ⓒ通り間の各印を墨つぼを用いて、墨を打ちます（天井が塗装仕上げの場合はチョークラインを使用）。

⑨ 赤マジックを用いて、照明器具開口の四隅を三角で表示して、開口表示を行います。

⑩ 部屋の中心にある非常照明の開口を行います。コンパスなどを用い直径 100 mm（100 φ）の円を書き、回し引きなどを用いて穴を開けます。

図 2.1.16 天井面墨出し（寸法取り）の様子

図 2.1.17 天井面墨打ちの様子

図 2.1.18 天井面照明開口表示

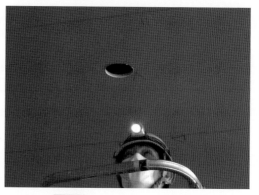
図 2.1.19 天井非常灯器具の開口

2.2 | 電線の延ばし方

電線を手で繰り出す方法

近年はリール状の繰線台を使いスムーズに電線を延ばすことができるようになり、電気工事の基礎とも言える電線束より手で電線を繰り出す方法などが忘れ去られてきています。ここではリール状の繰線台が準備できなかった場合などを想定し、電線の荷解きから始まり電線を延ばすまでの手順を紹介しておきます。

2.2.1 電線の荷解き

1 電線やケーブル束は、ビニルまたは紙で梱包された状態で入荷されます（**図2.2.1**）。

2 紙梱包の解き方は、電線束を縦にして両足の間で軽く固定を行い、テープで巻かれている部分を外し、紙の巻き初めを出します。

3 紙の巻き初めから解いた紙を丸めるように右手から左手と繰り返し解いていきます（**図2.2.2**）。

図 2.2.1 ビニル梱包電線束（左）と紙梱包電線束（右）

図 2.2.2 紙梱包荷解きの様子

2.2.2 手で電線を繰り出す方法

電線束から電線を手で繰り出す場合、電線のよりをカールしたまま引き出すと「キンク（折れ、よれ、つぶれが発生する現象）」を起こす恐れがあります。特により線では素線が飛び出して元に戻らない状態になり、共に延線する際に突起部分が床や管路内などですれて絶縁被覆を損傷する可能性があるため、注意が必要です。

キンク状態になってしまうことを防止するために、以下の手順で電線を繰り出します。

1 電線束を右手に持ち、**図2.2.4** のようにイ面を前にし、束の外側口出線を作業足場などに仮結

びし、歩き出しながら5、6輪出します。

2 電線束を左手に持ち替え、**図 2.2.5** のように口面が前になるようにし5、6輪出します。

3 この動作を右、左、右と繰り返します。

4 最後に切り出した電線の両端を軽く引っ張り伸ばします。

5 複数電線の区別を付けるため、両端に同じ印を記入します。

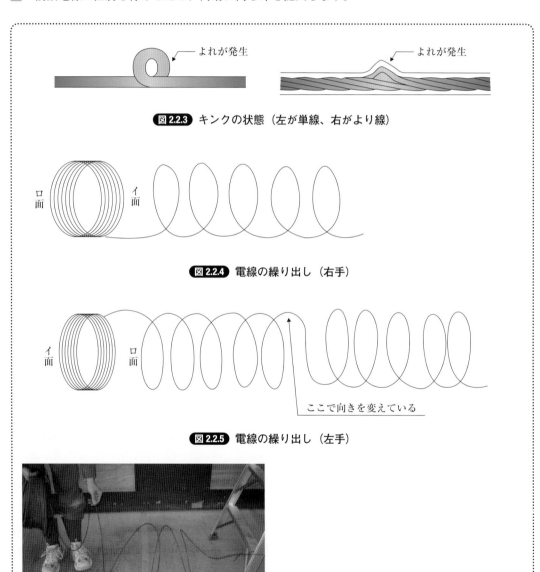

図 2.2.3 キンクの状態（左が単線、右がより線）

図 2.2.4 電線の繰り出し（右手）

図 2.2.5 電線の繰り出し（左手）

図 2.2.6 電線の繰り出しの様子

2.3 電線の接続

電線の接続方法

電線の接続では、さまざまな接続材料があり、また、それに合わせた接続方法、接続工具が必要とされます。組み合わせを誤ると、接続不良により接続箇所が過熱し、事故につながる恐れがあるため、しっかりとした理解と施工が求められます。なお、電線の接続については、「電気設備の技術基準の解釈（電技解釈）」第12条で規定されています。電線の電気抵抗を増加させないこと、また電線の強さ（引張荷重）を20%以上減少させないことが重要です。

ここでは、法令を交え図解でわかりやすく、基礎的な電線接続の施工方法を解説します。

2.3.1 電線被覆のはぎ取り

▶鉛筆削りむき（細い単線）

1 電線のくせを真っ直ぐに伸ばして、はぎ取り部分を左手人差し指の腹に沿わせて乗せ、刃と電線の角度を約10度、ナイフと電線の角度約120度で、刃の根元をはぎ取り口に当てます。

2 ナイフの刃を斜めに引きながら、心線を削らないように鉛筆むきの要領で切り込みを入れます。ナイフを戻したら共に電線を少し回転させ、再度切り込みを入れます。この動作を繰り返し全周に切り込みが入るまで行い、最後に刃の長さいっぱいに使い上側の被覆をはぎ取ります。

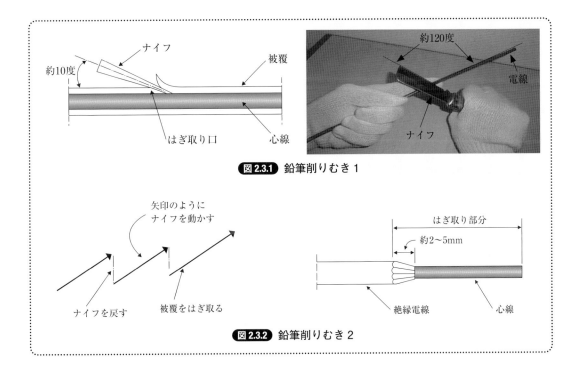

図 2.3.1 鉛筆削りむき 1

図 2.3.2 鉛筆削りむき 2

▶直角むき（段むき）

1 鉛筆むきと同様に刃を電線に当て、刃の長さいっぱいに使い、上側の被覆をはぎ取ります。

2 切れ目の所にナイフを電線に直角に当て、全周に渡って被覆厚の1/3程度切れ目を入れます。

3 被覆をはぎ取った反対側を、ペンチの先でつまんで引きちぎります。

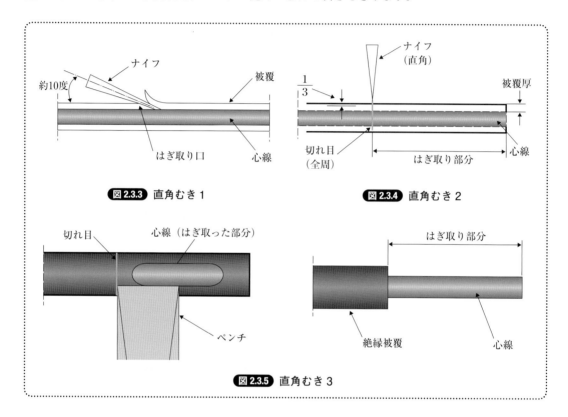

図2.3.3 直角むき1

図2.3.4 直角むき2

図2.3.5 直角むき3

2.3.2 圧着工具を使用した接続

▶終端重ね合わせ用スリーブ（E型）を用いた方法（1.6 mm 2本の接続例）

1 電線の被覆を 20 mm～30 mm はぎ取ります（はぎ取り長さが短いとスリーブを差し込みにくくなります）。

2 圧着ペンチがリングスリーブ用であることを確認します。

3 圧着ペンチを強く握って口を開きます。1.6×2 のダイスに小スリーブの中心をくわえさせ、軽く握ります。

4 電線のはぎ取り部分を揃えます。右手で電線を握り、心線をスリーブに差し込み、親指で被覆とスリーブの間隔を約 2 mm 離し、圧着ペンチを強く握ります。

⑤ 圧着ペンチを離して、「○」の刻印がスリーブの真ん中にはっきり打刻されているかを確認します。

⑥ 心線をスリーブの先端から約2mm残して切断し、ペンチで軽く切断面をたたいて突起を滑らかにします。

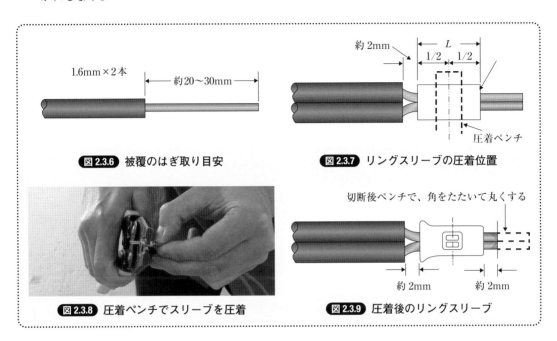

図 2.3.6 被覆のはぎ取り目安

図 2.3.7 リングスリーブの圧着位置

図 2.3.8 圧着ペンチでスリーブを圧着

図 2.3.9 圧着後のリングスリーブ

▶終端重ね合わせ用スリーブ（E型）専用圧着工具

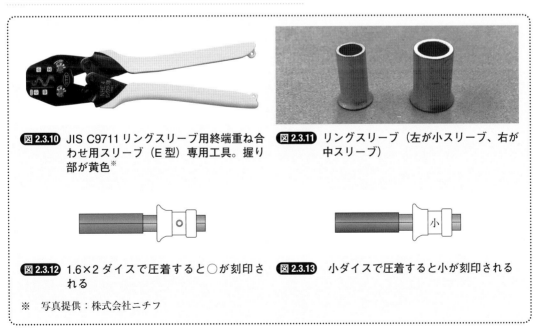

図 2.3.10 JIS C9711リングスリーブ用終端重ね合わせ用スリーブ（E型）専用工具。握り部が黄色※

図 2.3.11 リングスリーブ（左が小スリーブ、右が中スリーブ）

図 2.3.12 1.6×2ダイスで圧着すると○が刻印される

図 2.3.13 小ダイスで圧着すると小が刻印される

※ 写真提供：株式会社ニチフ

▶ 1.6 mm 4本の接続をスムーズに行うためのコツ

1.6 mm の IV 線 4 本を小スリーブで接続する場合、心線が開いてしまいスリーブ挿入がスムーズにできません。ここでは、少しでも作業をスムーズに行うためのコツを紹介します。

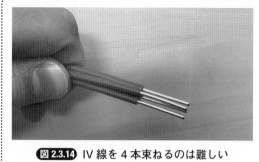
図 2.3.14 IV 線を 4 本束ねるのは難しい

① 4本の電線のはぎ取り部分を揃え、その付け根を**図 2.3.15** のようにつまみます。

② **図 2.3.16** のように親指の先と人差し指で上下左右に折り曲げます。

③ 上下左右に均等に曲げると、**図 2.3.17** のように心線が中心に集まり揃います。

④ 小スリーブを挿入して圧着を行います。

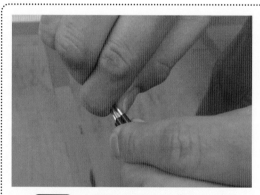
図 2.3.15 はぎ取り部分の付け根をつまむ

図 2.3.16 上下左右に折り曲げる

図 2.3.17 心線が中心に集まった様子

図 2.3.18 リングスリーブを通した状態

▶終端重ね合わせ用スリーブ（E型）の最大使用電流・使用可能電線の組み合わせ

表 2.3.1 終端重ね合わせ用スリーブ（E型）の最大使用電流および使用可能電線組み合わせ[※]
※ 引用・参考文献：JIS C2860（2003）

| リングスリーブ（呼び方） | 最大使用電流〔A〕 | 電線組み合わせ | | | | 圧着ペンチ使用ダイス刻印 |
| | | 同一径の場合 | | | 異なる径の組み合わせ | |
		1.6 mm または 2.0 mm^2	2.0 mm または 3.5 mm^2	2.6 mm または 5.5 mm^2		
小	20	2	—	—	・1.6 mm×1＋0.75 mm2×1 ・1.6 mm×2＋0.75 mm2×1	○
		3〜4	2	—	・2.0 mm×1＋1.6 mm×1〜2	小
中	30	5〜6	3〜4	2	・2.0 mm×1＋1.6 mm×3〜5 ・2.0 mm×2＋1.6 mm×1〜3 ・2.0 mm×3＋1.6 mm×1 ・2.6 mm×1＋1.6 mm×1〜3 ・2.6 mm×1＋2.0 mm×1〜2 ・2.6 mm×2＋1.6 mm×1 ・2.6 mm×1＋2.0 mm×1＋1.6 mm×1〜2	中
大	30	7	5	3	・2.0 mm×1＋1.6 mm×6 ・2.0 mm×2＋1.6 mm×4 ・2.0 mm×3＋1.6 mm×2 ・2.0 mm×4＋1.6 mm×1 ・2.6 mm×1＋2.0 mm×3 ・2.6 mm×2＋1.6 mm×2 ・2.6 mm×2＋2.0 mm×1 ・2.6 mm×2＋2.0 mm×2＋1.6 mm×1	大

★1 終端重ね合わせ用スリーブ（E型）は、この表以外の組み合わせでは使用できない
★2 終端重ね合わせ用スリーブ（E型）は、直線重ね合わせ接続には使用できない

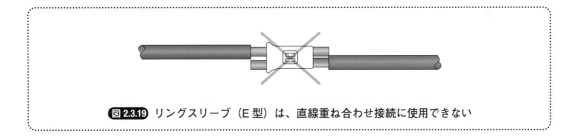

図 2.3.19 リングスリーブ（E型）は、直線重ね合わせ接続に使用できない

▶直線重ね合わせ用スリーブ（P型）を用いた方法（1.6 mm×2本の接続例）

1 電線の被覆を 20 mm～30 mm はぎ取ります（はぎ取り長さが短いとスリーブを差し込みにくくなります）。

2 圧着ペンチが裸圧着端子用であることを確認します。

3 圧着ペンチを強く握って口を開きます。5.5 のダイスに 5.5 端子の中心をくわえさせ、軽く握ります。

4 E スリーブ（リングスリーブ）の作業手順と同様に圧着ペンチを強く握ります。

5 圧着ペンチを放し、5 刻印がスリーブの真ん中にはっきり打刻されているかを確認します。

6 心線をスリーブの先端から約 2 mm 残して切断し、ペンチで軽く切断面をたたいて突起を滑らかにします。

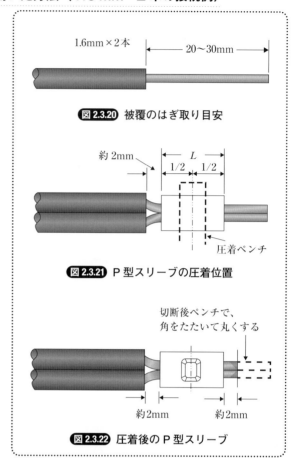

図 2.3.20 被覆のはぎ取り目安

図 2.3.21 P型スリーブの圧着位置

図 2.3.22 圧着後の P 型スリーブ

▶直線重ね合わせ用スリーブ（P型）使用圧着工具

図 2.3.23 JIS C9711 裸圧着端子用圧着ペンチ。一般的に握り部は赤色※

図 2.3.24 P型スリーブ（左が P-5.5。右が P-8）

図 2.3.25 5.5 ダイスで圧着すると 5 が刻印される

※ 写真提供：株式会社ニチフ

表2.3.2 スリーブ電線抱合容量※

※ 引用・参考文献：JIS C2806（2003）

P型スリーブ （呼び方）	電線抱合容量〔mm²〕	圧着ペンチの使用ダイス刻印
2	1.04〜2.63	2
5.5	2.63〜6.64	5
8	6.64〜10.52	8
14	10.52〜16.78	14
22	16.78〜26.66	22

表2.3.3 使用可能な電線（例）

同サイズでの圧着本数					異なるサイズの組み合わせ
1.2 mm	1.6 mm	2.0 mm	3.5 sq	5.5 sq	
2	—	—	—	—	
3〜5	2〜3	2	—	—	1.6 × 1 + 2.0 × 1、1.6 × 1 + 2 sq × 1 1.6 × 3 + 3.5 sq × 1、2.0 × 1 + 3.5 sq × 1
6〜9	4〜5	3	2	—	1.6 × 2 + 2.0 × 2、1.6 × 3 + 2.0 × 1 2.0 × 1 + 3.5 sq × 1、2.0 × 2 + 3.5 sq × 1
	6〜8	4〜5	3〜4	2〜3	1.6 × 1 + 2.0 × 3、1.6 × 3 + 2.0 × 3 2.0 × 2 + 3.5 sq × 2、2.0 × 3 + 3.5 sq × 2
	9〜13	6〜8	5〜7	4	1.6 × 4 + 2.0 × 3、1.6 × 5 + 2.0 × 5 2.0 × 2 + 3.5 sq × 3、2.0 × 4 + 5.5 sq × 2

★ 表にない電線の組み合わせは、表2.3.4より各電線の断面積を合計し、電線抱合容量に適したスリーブを使用する

表2.3.4 電線の断面積

電線サイズ	導体直径〔mm〕	導体本数	断面積〔mm²〕
1.2 mm	1.2	1	1.130973
1.6 mm	1.6	1	2.010619
2.0 mm	2.0	1	3.141593
2.6 mm	2.6	1	5.309292
2 sq	0.6	7	1.979203
3.5 sq	0.8	7	3.518584
5.5 sq	1.0	7	5.497787

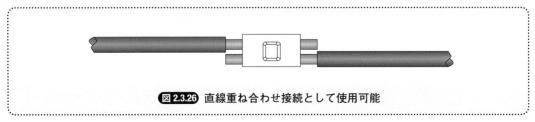

図2.3.26 直線重ね合わせ接続として使用可能

▶ 2.0 mm × 2 本の接続例

　直径 2.0 mm 電線の断面積が 3.14 mm^2 であることから、2.0 mm × 2 本で 6.18 mm^2 となり、接続は電線抱合容量（**表 2.3.2**）から P-5.5 のスリーブを使用することが最適とわかります。しかし、P-5.5 スリーブの内径は 3.5 mm のため、**図 2.3.27** のように楕円形につぶした後に電線を挿入して圧着することになります。

　この非効率的な作業をなくすため、**図 2.3.28** のように一方の電線を二つ折りにし、**図 2.3.29** のように電線を挿入し接続を行うことを推奨しています。

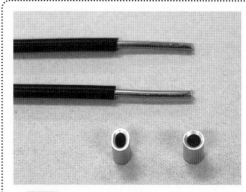

図 2.3.27 スリーブを楕円形につぶした様子

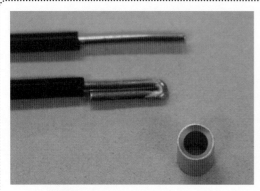

図 2.3.28 電線を二つ折りにした様子

図 2.3.29 電線に P8 スリーブを差し込んだ様子

▶裸圧着端子（R型）を用いた方法

表2.3.5 銅線用裸圧着端子（R型）規格※

※ 引用・参考文献：JIS C2805（1991）

呼び断面積 [mm²]	使用ねじ径 [mm]	B 基本寸法 [mm]	D [mm]	d1 基本寸法 [mm]	E 最小 [mm]	F 最小 [mm]	L 最小 [mm]	d2 基本寸法 [mm]	電線抱合容量 [mm²]	参考 圧着工具のダイスに表示する記号
1.25	3	5.5	3.4	1.7		4	12.5	3.2	0.25～1.65	1.25
	4	8				6	16	4.3		
	5					7		5.3		
2	4	8.5	4.2	2.3	4.1	6	17	4.3	1.04～2.63	2
	5	9.5				7	17.5	5.3		
	6	12				7	22	6.4		
	8					9		8.4		
5.5	4	9.5	5.6	3.4	6	5	20	4.3	2.63～6.64	5.5
	5					7		5.3		
	6	12				7	26	6.4		
	8	15				9	28.5	8.4		
	10					13.5		10.5		
8	5	12	7.1	4.5	7.9	6	24	4.3	6.64～10.52	8
	6					7		5.3		
	8	15				9	30	6.4		
	10					13.5		8.4		
								10.5		
14	5	12	9	5.8	9.5	9.5	30	5.3	10.52～16.78	14
	6					10		6.4		
	8	16				13	33	8.4		
	10					14.5		10.5		
	12	22				17.5	42	13		
	14	30					50	15		

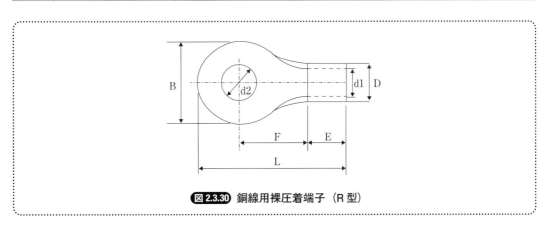

図2.3.30 銅線用裸圧着端子（R型）

▶作業手順（5.5mm²の接続例）

1 圧着端子の長さ（E）より 2〜3 mm 長く被覆をはぎ取ります。

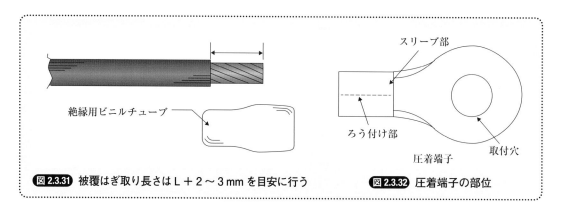

図 2.3.31 被覆はぎ取り長さは L＋2〜3 mm を目安に行う

図 2.3.32 圧着端子の部位

2 心線を真っ直ぐにし、切断面が直角になっているかを確認します。

3 細い方を電線側にして、絶縁用ビニルチューブを電線に挿入します。

4 接続する電線と、圧着端子のサイズおよび取付ねじのサイズと取付穴が適合しているかを確認します。

5 直線重ね合わせ用スリーブ（P 型）の手順に準じて圧着を行います。

6 圧着後、絶縁用ビニルチューブを圧着部に被せます。最初に被覆を長くはぎ取り過ぎていると、取付ねじが接触し、締め付けができなくなるので注意しましょう。

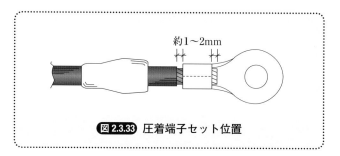

図 2.3.33 圧着端子セット位置

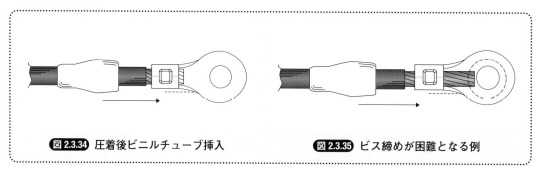

図 2.3.34 圧着後ビニルチューブ挿入

図 2.3.35 ビス締めが困難となる例

2.3.3 接続材を使用しない方法

▶細い単線の直線接続（ツイストジョイント）

1 電線の被覆を、以下の数値を目安にはぎ取ります。

- ✓1.6 mm の場合……約 110 mm
- ✓2.0 mm の場合……約 150 mm

2 右側の線を上にして交差させます。被覆の端から交差までの長さは以下の通りです。

- ✓1.6 mm の場合……左側 26 mm、右側 24 mm
- ✓2.0 mm の場合……左側 35 mm、右側 32 mm

3 交差させた右側をペンチで挟みます。約100度の角度でペンチの刃が左側に来るようにします。

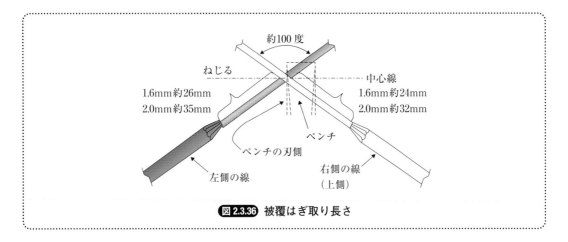

図 2.3.36 被覆はぎ取り長さ

4 左側の心線をねじります。ペンチの際で、左手の人差し指と親指を使って中心線上で1回ねじります。左側の電線を中心線上にねじりながら、右側の心線は左側の心線に直角に起こします。巻き付ける心線の根元を指先で押し、人差し指と親指を使って左側の心線に直角にやや離して5回巻き付けます。

5 右側の心線をねじります。ペンチを左側に挟み変え、左側同様に中心線上で1回ねじった後に、心線を直角にやや離して5回巻き付けます。

6 心線を切ります。巻じり際でペンチの刃を、巻いてきた方に斜めに向け

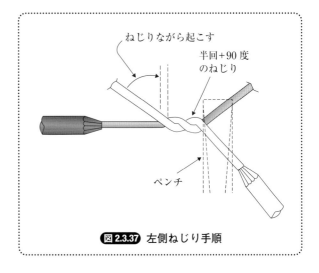

図 2.3.37 左側ねじり手順

てくわえて、巻方向に引きながら切ります。切り先をペンチの先端で挟んでしっかりと押さえます。なお、接続部はハンダ付けが必要です。

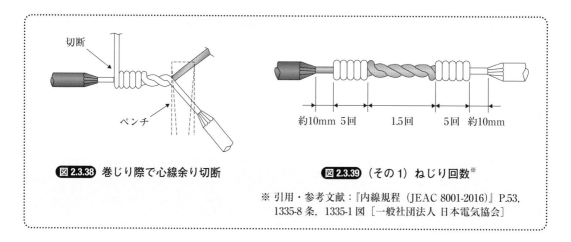

図2.3.38 巻じり際で心線余り切断

図2.3.39（その1）ねじり回数※

※ 引用・参考文献：『内線規程（JEAC 8001-2016）』P.53,
1335-8条，1335-1図［一般社団法人 日本電気協会］

▶分岐接続（がいし引き工事の分岐）

1. 本線の被覆をはぎ取ります。ノップがいしに掛けるバインド線から、分岐線が1.6 mmのときは約30 mm、分岐線が2.0 mmのときは約35 mm離します。

2. 分岐線の被覆をはぎ取ります。
   ✓ 1.6 mm の場合……約100 mm
   ✓ 2.0 mm の場合……約120 mm

3. 本線に分岐線を添えて、ペンチで挟み心線を巻き付けます。分岐線を約45度に起こし、右手で1回巻きます（巻き始めは被覆の端から約10 mm離します）。この心線を直角に起こし、手で1～2回巻き、3回目からはペンチの先で締めながら巻きます。右巻きに5回以上巻き付けます。

4. 心線を切ります。巻じり際でペンチの刃を、巻いてきた方に斜めに向けてくわえて、巻き方向に引きながら切ります。切り先をペンチの先端で挟んでしっかりと押さえます。なお、接続部はハンダ付けが必要です。

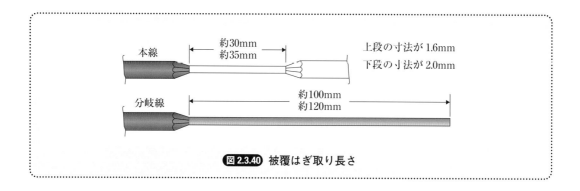

図2.3.40 被覆はぎ取り長さ

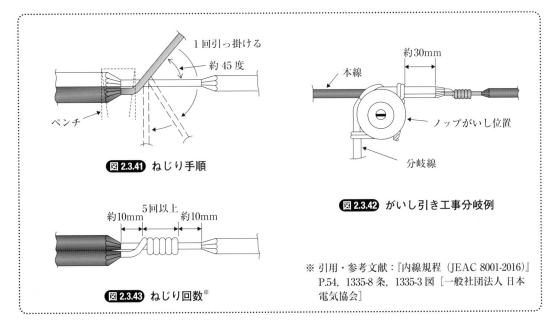

図 2.3.41 ねじり手順

図 2.3.42 がいし引き工事分岐例

図 2.3.43 ねじり回数※

※ 引用・参考文献：『内線規程（JEAC 8001-2016）』
P.54，1335-8 条，1335-3 図［一般社団法人 日本
電気協会］

▶接続（ねじり接続）

1 電線の被覆をはぎ取ります。
- ✓ 1.6 mm の場合……約 50 mm
- ✓ 2.0 mm の場合……約 70 mm

2 2 線を被覆の端を揃えてペンチの中心
に来るように挟みます。

3 電線をねじります。右手人差し指と親
指で心線を約 120 度に交差させ、3 回
ねじります。最後まで 120 度を保ち根
元からねじるようにしましょう。

4 ねじり部分が 2.5 回残るように 2 線を
同時に直角に切り、切断面をペンチで
軽くたたきます。先端をペンチで挟み、
折り曲げ方向に 2〜3 回折り曲げてく
せを付けます。

5 先端折り曲げの場合は、折り曲げ長さ
約 5 mm で切断し、ペンチで巻き付け
部分に密着させます。接続部はハンダ
付けが必要です。

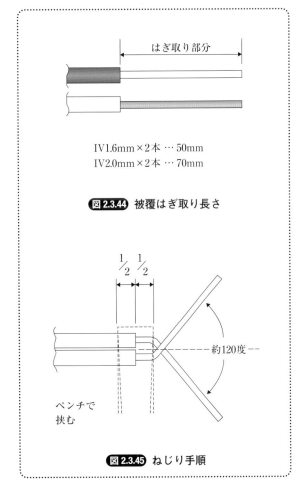

図 2.3.44 被覆はぎ取り長さ

図 2.3.45 ねじり手順

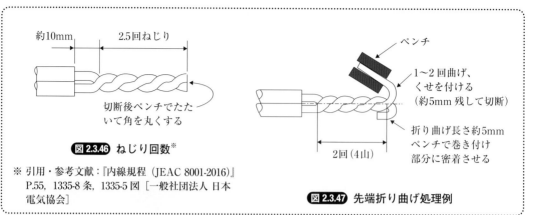

約10mm　2.5回ねじり

切断後ペンチでたたいて角を丸くする

図 2.3.46 ねじり回数[※]

ペンチ

1〜2回曲げ、くせを付ける（約5mm 残して切断）

折り曲げ長さ約5mm ペンチで巻き付け部分に密着させる

2回（4山）

図 2.3.47 先端折り曲げ処理例

※ 引用・参考文献：『内線規程（JEAC 8001-2016）』P.55, 1335-8 条, 1335-5 図 ［一般社団法人 日本電気協会］

▶単線と器具心線（より線）との終端接続

1 電線の被覆をはぎ取ります。

- ✓ 単線　……約 45mm
- ✓ 器具心線……約 60mm

2 器具心線のよりを戻し真っ直ぐにして、2線の被覆の端を揃えてしっかりと持ちます。

3 右手で被覆の端より約 10 mm 離れた箇所から巻き始め、5回巻き付けます。

4 器具心線は巻き終わりの箇所で切断し、ペンチで抑えます。単線は巻き終わりから 12 mm 残して切断します。

5 単線の先端を巻き付け部分に被せるように折り返し、曲げた箇所をペンチの先端で抑えます。なお、接続部はハンダ付けが必要です。

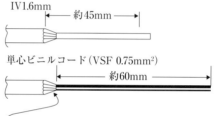

IV1.6mm　約45mm

単心ビニルコード（VSF 0.75mm²）　約60mm

鉛筆むきのとき、ナイフは被覆の1/3〜1/2 程度入れペンチの刃の部分で軽く挟み、被覆を引き抜く

図 2.3.48 被覆はぎ取り長さ

器具心線を軽くより、平らにして IV 線に5回巻き付ける

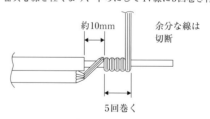

約10mm　余分な線は切断

5回巻く

図 2.3.49 器具心線巻き回数

より線を押さえるよう巻いた部分を折り返す

約10mm

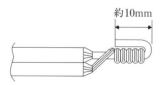

図 2.3.50 ねじり回数[※]

※ 引用・参考文献：『内線規程（JEAC 8001-2016）』P.55, 1335-8 条, 1335-6 図 ［一般社団法人 日本電気協会］

2.4 電線の配線器具への接続

一般屋内配線工事（ビル・工場・住宅など）を施工する際、数多くの電線接続作業が行われますが、その内訳は、「電線相互」と「電線と機器」との接続に大別されます。

電線相互の接続方法については電技解釈第 12 条で、屋内に施設する低圧用の配線器具の施設については電技解釈第 150 条で、それぞれ規定されています。ここでは、主に細物電線と配線器具（配線用遮断器・開閉器・点滅器・コンセントなど）との接続方法例について紹介します。

2.4.1 屋内に施設する低圧用の配線器具の施設

電技解釈第 150 条では、次のことが規定されています。

- ✓ 配線器具は、その充電部分が露出しないように施設しなければならない
- ✓ 配線器具端子に電線を接続する場合は、ねじ止めその他これと同等以上の効力のある方法により、堅ろうに、かつ電気的に完全に接続すると共に、接続点張力が加わらないようにしなければならない

2.4.2 工業用端子台

工業用端子台の規格は、NECA C2811（旧 JIS C2811）で規定されています。この規格は、低圧電路で使用される端子台で、電線の接続、分岐または中継を目的としています。電線接続部を持つ導電金具と、それを保持する絶縁体を組み合わせたもので、主として電気制御機器、制御盤・配電盤などの内部に使用されています。端子台の種類については、**図 2.4.1** を参照ください。

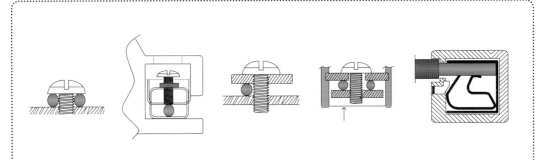

図 2.4.1 端子台の種類（左からねじ端子台、押し締め端子台、引き締め端子台、ねじなし端子台）

2.4.3 配線器具の種類と工具

配線器具の種類には、次に示すものがあります。

▶**遮断器**

　✓ 配線用遮断器（MCCB）

　✓ 漏電遮断器（ELB）

▶**開閉器**

　✓ カバー付きナイフスイッチ

　✓ 電流計付きスイッチ（箱開閉器・配電箱）

　✓ 電磁開閉器

図 2.4.2 配線用遮断器　**図 2.4.3** 電磁開閉器

▶**点滅器**

点滅器には、露出型と埋込型があります。

　✓ 片切（単極）スイッチ

　✓ 両切スイッチ

　✓ 3 路スイッチ

　✓ 4 路スイッチ

　✓ プルスイッチ（露出型のみ）

　✓ リモコンスイッチ（埋込型のみ）

図 2.4.4 露出型片切ス　**図 2.4.5** 埋込用片切ス
イッチ　　　　　　　　イッチ

▶**コンセント**

　コンセントには、露出用と埋込用があります。

　✓ 通常型

　✓ 抜け止め型

　✓ 引掛型

　✓ 接地極付き

　✓ 防水型

図 2.4.6 引掛型コンセント

▶**照明器具**

　✓ ランプレセプタクル

　✓ 引掛シーリングローゼット

図 2.4.7 ランプレセプ　**図 2.4.8** 引掛シーリング
タクル　　　　　　　　ローゼット（角形）

▶使用する工具

　配線器具への接続に用いる工具には、次のものがあります。これらは、電気工事士の技能試験でも使用される工具です。

- ✓ ペンチ
- ✓ 電工ナイフ
- ✓ ドライバ（+、−）
- ✓ ワイヤストリッパー
- ✓ VVF用ストリッパー
- ✓ 圧着工具
- ✓ ウォーターポンププライヤ
- ✓ 器具外し工具

図2.4.9 器具外し工具（プレート外しキー）

2.4.4 接続手順

　配線器具への接続には、接続する電線（単線、より線）と器具端子により各種接続が行われています。配線器具の種類にかかわらず共通していることの1つとして、「極性を合わせて接続する」点が挙げられます。接地側電線の接続には、器具であればWやNの記号に合わせて接続し、電線であれば白色電線を使用して接続します。反対に非接地側電線の接続には、器具であればWやNの記号がない側（もしくはL）に接続し、電線であれば黒色電線を使用して接続します。

▶ねじ端子台への接続

　単線は輪作りを行い、より線は圧着端子で接続を行います。ここでは、輪作りについて説明します。

1 　輪作りは、ビスの大きさにより電線の被覆むき長さが変わります。IV1.6 mmを使用した4 mmビスの輪作りの場合は、20 mm程度をはぎ取ります。

2 　根元から2 mm程度残してペンチで掴み、直角に曲げます。

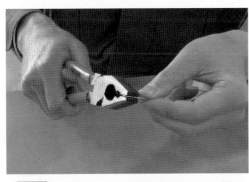

図2.4.10 根元から2 mm程度残しペンチで掴む

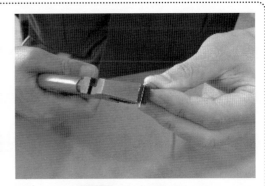

図2.4.11 90度に曲げる

3 心線の先端をペンチの角で掴み、根元に当たるように丸めて円形を作ります。輪作りの状態によっては、設備事故につながることもあるので悪い状態を知っておく必要があります（**図2.4.13**）。

4 ねじの締め付けは、ねじの締め付け方向と輪の曲げ方向を合わせます。ねじが確実に入っていることを確認して、緩みが出ないように適度に強く締め付けます。ねじが斜めに入っている場合は、ねじを締め切っていない状態でもきつく感じるので、その際は無理をせず一度ねじを外してから、再度ねじを真っ直ぐにしてから締め付けます。

5 締め付けた後には、ビスが浮いていないか、電線にがたつきがないかを確認し、ねじの増し締めを行います。さらに締め付けを確認する際には、トルクドライバで締め付け値を管理するとよいでしょう。

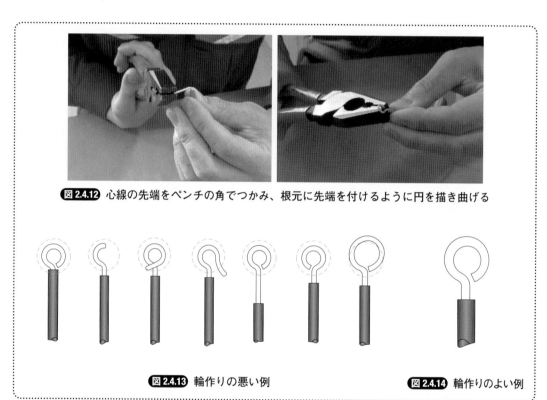

図2.4.12 心線の先端をペンチの角でつかみ、根元に先端を付けるように円を描き曲げる

図2.4.13 輪作りの悪い例   **図2.4.14** 輪作りのよい例

▶押し締め端子台への接続

押し締め端子台へは、単線による直接接続、あるいは圧着端子の棒状および板状の端子を使用して接続します。例として配線用遮断器（安全ブレーカー）の接続を説明します。

1 被覆は、端子ねじを緩めて心線の差し込み寸法を確かめ、その寸法に合わせて被覆をはぎ取ります。また、棒状の圧着端子の場合には、取扱説明書に記載されている内容に合わせた長さで被覆をはぎ、圧着を行います。棒状圧着端子の接続の際には、事前に差し込み長さを確認して、適正な端子を準備しておく必要があります。

2 心線もしくは端子をねじの締め付け方向側に突き当たるまで差し込みます。正しく突き当たったこと（もしくは端子から心線が飛び出ていること）、および絶縁被覆が接続導体に触れていないか、器具を水平方向に見て導体部が出ていないかを確認し、ねじの締め付けを行います。なお、安全ブレーカーのようなソルダレス端子の押し締め端子台へは、2本の接続は行ってはいけません。

3 締め付け後は、ねじ端子台同様の確認をします。

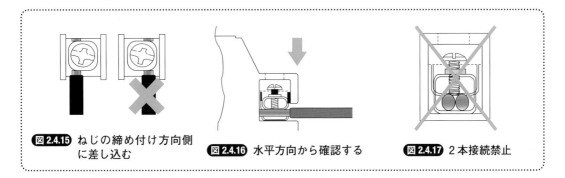

図2.4.15 ねじの締め付け方向側に差し込む　　図2.4.16 水平方向から確認する　　図2.4.17 2本接続禁止

▶引き締め端子台／ねじなし端子台への接続

　引き締め端子台への接続は、押し締め端子台接続と同様のほかに、被覆のはぎ取り長さが器具に記載してある場合の接続があります。この接続は、ねじなし端子台にも共通する接続です。ねじなし端子台とは、導体部がバネのような仕組みになっており、電線を差し込むだけで接続できるタイプの器具で、例えば埋込用の配線器具や照明器具が該当します。

1 被覆は、器具本体に記載されているストリップゲージに合わせてはぎ取ります。はぎ取り後、ゲージに合わせて長さを確認します。心線が長い場合には切断し、短い場合にはさらに被覆をはぎ取り、ゲージに合わせます。

2 接続は、電線接続穴に心線を真っ直ぐ差し込み、適正な位置までしっかり押し込みます。電線接続穴を水平に見て心線が見える状態の場合は、さらに押し込みましょう。心線が露出してしまう場合には、電線外し穴にプレート外しキー、もしくはマイナスドライバを差し込み、一度電線を引き抜いて、適正な寸法で被覆をはぎ取った後に再度差し込みます。このとき、一度差し込んだ部分を切断してから被覆をはぎ取る必要があります。

3 差し込み後、手で電線を引き、確実に接続されているかを確認します。

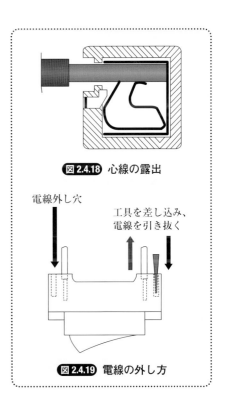

図2.4.18 心線の露出

電線外し穴

工具を差し込み、電線を引き抜く

図2.4.19 電線の外し方

2.5 接続部の絶縁処理

接続部の絶縁処理とは

接続部の絶縁処理については電技解釈第12条に規定されており、接続部分の絶縁電線の絶縁物と同等以上の絶縁効力のある接続器を使用すること、接続部分をその部分の絶縁電線の絶縁物と同等以上の絶縁効力のあるもので十分に被覆することが求められます。ここでは電気工事の基礎であるテープ巻きについて解説します。

2.5.1 終端接続の折り返し巻き（細物電線）

1 **巻き始め**：被覆はぎ取り位置から約10mmの箇所で最初のひと巻きは直角に、次よりテープ幅の約半分以上（1／2ラップ）を重ねて、テープ幅が1mm細くなる程度の力で引っ張りながらジョイントの端より約20mm出た所まで巻きます。

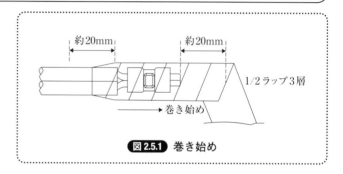

図 2.5.1 巻き始め

2 **折り返し**：心線の端で巻いたテープを電線に添わせ、折り返したテープの中心を電線の中心に合わせるように元の方向に折り返します。

3 **巻き戻し**：折り返した位置を巻き始めとして、前と同じ要領で最初の位置まで、約半幅以上重ね巻きして巻き戻します。

4 **巻き終わり**：ビニルテープの最初の巻き始めより、電線の被覆部分に約10mm重ねて直角に

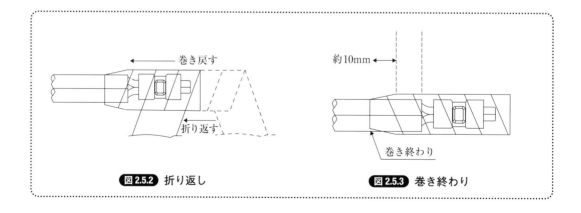

図 2.5.2 折り返し

図 2.5.3 巻き終わり

1回巻き付けます。このとき、テープは引っ張らずに巻き、切断は手で引きちぎったりせずにナイフなどで切断します（最後の手順を守らないと経年によるチジミおよび硬化によりテープが剥離してしまう恐れがあるので注意しましょう）。

5 **巻き回数の調整**：上で紹介した手順は、**表 2.5.1** で示す厚さ 0.2 mm のビニルテープをテープ幅の半分以上重ね（厚さ 0.4 mm 以上）で往復する手順（厚さ 0.8 mm 以上）ですが、電線が太くなれば絶縁体の厚さも変化します。表を参考に、巻き回数を調整し絶縁電線の絶縁物と同等以上の絶縁効力を維持するように注意します。

表 2.5.1 ビニル絶縁電線のビニル絶縁体厚さ[※]

※ 引用・参考文献：JIS C3307（2000）

ビニル絶縁電線 導体径 〔mm〕	ビニル絶縁体厚さ 〔mm〕	ビニル絶縁電線 導体径 〔mm²〕	ビニル絶縁体厚さ 〔mm〕
0.8	0.8	1.25	0.8
1.0	0.8	2	0.8
1.2	0.8	3.5	0.8
1.6	0.8	5.5	1.0
2.0	0.8	8	1.2
2.6	1.0	14	1.4
3.2	1.2	22	1.6

★ なお、JIS C2236 より電気絶縁用ポリ塩化ビニル粘着テープの厚さは 0.2mm とする

2.5.2 終端接続のタスキ巻き（太物電線）

黒色粘着性ポリエチレン絶縁テープ、または自己融着性絶縁テープ使用の場合の手順を示します。

1 **巻き初め**：被覆はぎ取り位置から約 20 mm の箇所から最初のひと巻きは直角に、次よりテープ幅の約半分以上（1／2 ラップ）を重ね、テープ幅が 1 mm 細くなる程度の力で引っ張りながら巻き、先端部分で 3〜4 回巻きます。

2 **タスキ掛け**：**図 2.5.4** のように先端をタスキ掛けに巻き、十分に覆われるまで繰り返します。

3 **折り返し**：先端が覆われたらそのまま横巻きに 1 回テープ幅の約半分以上（1／2 ラップ）を重ね、テープ幅が 1 mm 細くなる程度の力で引っ張りながら巻きます。

4 **巻き終わり**：最後のひと巻き分を被覆はぎ取り端部から約 20 mm〜40 mm の所でナイフで切断し、引っ張らずに巻き、しっかりと抑えます。

5 **ビニルテープを巻く**：相別に色分けされたビニルテープを用い、剥離防止および保護用として同様にテープ幅の約半分以上（1／2 ラップ）を重ね、テープ幅が約 1 mm 細くなる程度の力

で引っ張りながら1回以上巻きます（自己融着性絶縁テープ使用時のみ）。

6 **接続部を収める**：金属製のボックスに収める場合は、接続部が金属部に触れないように支持材などを使用して収めます。

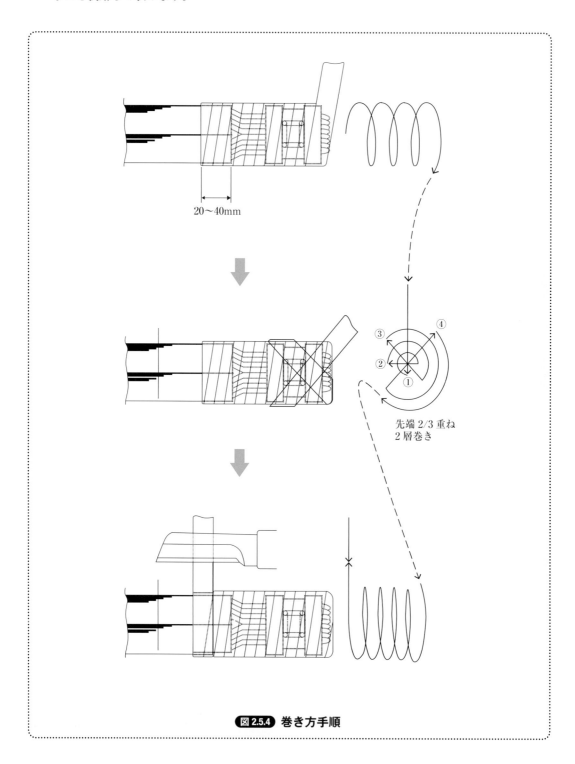

20〜40mm

③ ④
② ①

先端2/3重ね
2層巻き

図2.5.4 巻き方手順

第3章

電気工事の作業

電気設備の良し悪しは、設計、保全、工事のすべての要素に係わっていますが、特に電気工事の施工の良否は重要な要素です。第3章では、現在行われている各種工事について、その概要や施工手順、注意事項などを図を交えて解説します。

3.1 金属管工事

【関連規定】電技解釈：第159条［金属管工事］｜内線規程：3110節［金属管配線］

金属管工事とは

金属管工事は、施設できる場所が多く、最も適用範囲の広い工事方法です。近年は、合成樹脂可とう電線管で代用される場所もありますが、合成樹脂可とう電線管よりも丈夫であること、仕上がりの見た目がよいことなどの理由から、金属管工事が採用されるケースもまだ多くあります。金属管工事は、電気工事士に求められる基本的な技能の1つと言えますが、各種のマニュアル書を読むだけで技術を身に付けるのは難しい工法ですので、常日頃から基本作業を習慣付け、習得する必要があります。

【関連規定】電技解釈：第159条［金属管工事］｜内線規程：3110節［金属管配線］

3.1.1 金属管の種類と用途

現在用いられる金属管は、厚鋼電線管（G管）、薄鋼電線管（C管）、ねじなし電線管（E管）の3種類があり、用途に応じて使用する管を選択します。例えば、屋外や防爆エリアではG管を、屋内であればC管、E管を使用します。また、電線は、絶縁電線（屋外用ビニル絶縁電線を除く）で、より線、または直径3.2 mm（アルミ線にあたっては、4 mm）以下の単線を用います。

表3.1.1 電線管の主要サイズ（1本の長さは3,660 mm）※

※ 引用・参考文献：『内線規程（JEAC 8001-2016）』P.269, 3110-4条, 3110-1表［一般社団法人 日本電気協会］

厚鋼電線管（G管）			薄鋼電線管（C管）			ねじなし電線管（E管）		
呼び方	外径	厚さ	呼び方	外径	厚さ	呼び方	外径	厚さ
G16	21.0	2.3	C19	19.1	1.6	E19	19.1	1.2
G22	26.5	2.3	C25	25.4	1.6	E25	25.4	1.2
G28	33.3	2.5	C31	31.8	1.6	E31	31.8	1.4
G36	41.9	2.5	C39	38.1	1.6	E39	38.1	1.4
G42	47.8	2.5	C51	50.8	1.6	E51	50.8	1.4
G54	59.6	2.8	C63	63.5	2.0	E63	63.5	1.6
G70	75.2	2.8	C75	76.2	2.0	E75	76.2	1.8
G82	87.9	2.8						
G92	100.7	3.5						
G104	113.4	3.5						

（単位：mm）

3.1.2 金属管の切断

1 作業のしやすい場所を選んで、養生シートを敷き、脚付きパイプバイスを据えます。

2 切断箇所をパイプバイスから約150 mm出し、管に傷が付かない程度に固く締め付けます。締め付け過ぎると金属管をつぶす恐れがあるので注意します。

3 金切りのこの刃を切断箇所へ直角に当て、切断箇所に溝を付けます（**図3.1.1**）。

4 金切りのこの刃と管は、常に直角に保ち、刃の全長を使って、**図3.1.2**のように ① → ② → ③ → ④ の順に切っていきます（金切りのこが横振れすると、刃が折れやすく、また直角に切れません）。

図3.1.1 刃を当てる様子

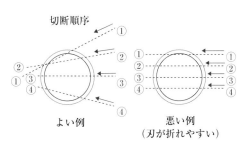

図3.1.2 横揺れに注意しながら切断

5 管が切断される少し前に、下に落ちないように左手で握り、右手の力を徐々に抜いて、小刻みに動かします（最後まで切らないと、管端が平らになりません）。

6 切断面が斜めになっている場合には、直角になるように管端の修正をします。その後、切断面にバリ（加工時の残留物など）ができるので、ヤスリをかけてバリ取りと面取りを行います。切断面が斜めになっている場合には、直角になるように管端を整えます（**図3.1.3**）。切断工具として断面が真っ直ぐに切れるパイプカッタ（**図3.1.4**）を使用することもありますが、その場合は内側のバリが多く残るので、しっかりとバリ取りを行う必要があります。

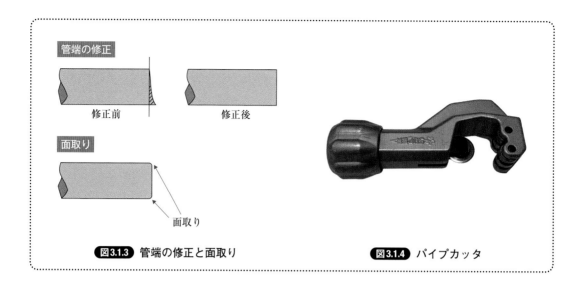

図3.1.3 管端の修正と面取り　　　　**図3.1.4** パイプカッタ

3.1.3 金属管のねじ切り

1 ねじ切り器のスクロール（**図3.1.5**）を緩めて、ねじ切り器を管端に差し込み、チェーザ（替駒）の端を管に直角に当て、スクロールを締めます。確実に行われていないと、ねじが管軸と平行に切れません。

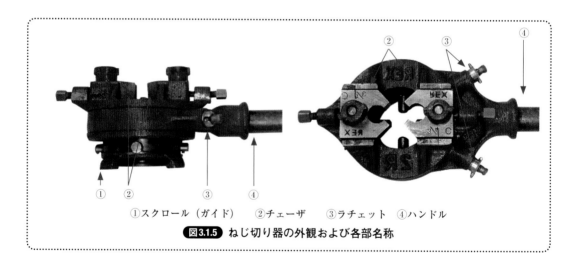

①スクロール（ガイド）　②チェーザ　③ラチェット　④ハンドル

図3.1.5 ねじ切り器の外観および各部名称

2 ラチェットを右に回して、左の手のひらでねじ切り器を強く管の方向に真っ直ぐ押し付けながら、右手はハンドルの根元近くを握って管にねじを切ります（**図3.1.6**）。

3 チェーザがかみ始めるまで、4～5回動かします。チェーザのかみ込みが十分でないと、ねじ切り器が戻りねじ山がつぶれるので注意します（**図3.1.7**）。

4 チェーザの刃先に油を差しながら、ハンドルを上下に動かして必要な長さまで切っていきます。ねじの長さは接続するものにより異なるので、切り過ぎないようにします。

5 ラチェットを左に回し、ねじ切り器を戻して外します。反動を付けて手放しで回すと、思わぬ事故を起こすことがあるので注意します。

6 ヤスリで切り口のめくれを取り、リーマを真っ直ぐに入れ、前方に押し付けながら右に回し、管厚の約1/2まで取って管口を仕上げます。リーマは真っ直ぐに入れないと、平均に面取りができません（**図3.1.8**）。なお、面取りは充電ドリルの先端に専用のリーマを取り付けて行うこともあります（**図3.1.9**）。

図3.1.6 ねじ切り時の様子

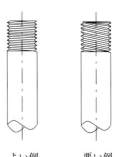

よい例　　悪い例
（右図はねじ山不良。ねじが斜めに切れている）

図3.1.7 ねじ切りの状態例

図3.1.8 リーマがけの様子

図3.1.9 リーマを取り付けた充電ドリル

3.1.4 金属管の曲げ（管を床に置いて曲げる方法）

1 以下の流れで計算を行い、曲げ始めの点と曲げ終わりの点を決めます（計算例は後述の囲みを参照）。

- ✓ 曲げ始めのA点にチョークで印を付ける（**図3.1.10**）
- ✓ 曲げ半径rを算出する
- ✓ 曲げ長さLを算出する
- ✓ 曲げ終わりのB点にチョークで印を付ける
- ✓ A・B点を通る直線をチョークで印を付ける（必要に応じて）

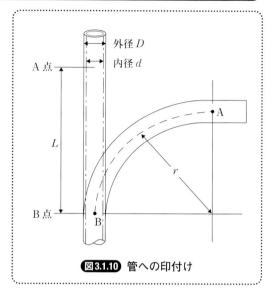

図3.1.10 管への印付け

2 管にセットしたパイプベンダを下にし、S点に管の曲げ始めのA点を当てます。S点は**図3.1.11**を参考に事前に印を付けておきましょう。

3 管とパイプベンダを直線上に揃え、両手でパイプベンダの柄を握り体重をかけて、静かに手前に引きます。このとき右足をできるだけパイプベンダの近くに置き、管が浮かないようにしっかりと抑えてください（**図3.1.12**）。

4 パイプベンダを戻しながら次の位置に送り込みます。この動作を10～15回程度繰り返し、曲げ終わりのB点まで続けます。曲げの回数が少ないと、管につぶれや凹凸が出やすいです（チョークの印がいつも上にあるように注意します。管が左右に回るとねじれて曲がります）。送り込む寸法や曲げ回数などは、**表3.1.1**を参考にするとよいでしょう。

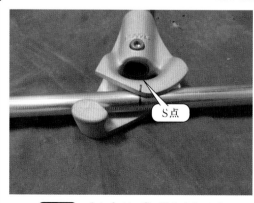

図3.1.11 パイプベンダに印を合わせる

図3.1.12 パイプ曲げの様子（床置き）

3.1.5 金属管の曲げ（管を手に持って曲げる方法）

1️⃣ 管を床に置いて曲げる方法と同様に計算して、曲げ始めの点と曲げ終わりの点を決めます。

2️⃣ パイプベンダを床に立て、パイプベンダを倒す力と管を下に押し下げる力を利用して曲げます。

3️⃣ 管にパイプベンダを当て、チョークの印を上に向けて、パイプベンダを左手で握って管の曲げ始めのA点をパイプベンダのS点に当てます。

4️⃣ 左手はパイプベンダの頭を持ち、右手を管のA点より約600 mm離れた位置で上から握り、パイプベンダと管を、前方に倒すような気持ちで体重を静かにかけて右手で管を下方に押します（**図3.1.13**）。

図3.1.13 パイプ曲げの様子（手持ち）

5️⃣ ひと押しごとに管を前方に送り出し、押し曲げ始めます。この動作を10〜15回程度繰り返し、曲げ終わりのB点まで続けます。管を送り込んだとき、先端が左右に回らないように、また、チョークの印がいつも上にあるかを確認し、管がねじれて曲がらないように注意します。

曲げ長さの計算例

金属管（C19、E19）の曲げの内側曲げ半径は、内線規程で管内径の6倍以上とすることが記されています。ここでは、6倍になる曲げ半径「r」と、直角曲げ加工に必要な長さ「L」を求める計算方法を紹介します。なお、dは内径、Dは外径を表します（いずれも単位は〔mm〕）。

● 薄鋼電線管（C19）

外径19.1 mm、厚さ1.6 mmより、内径15.9 mmです。従って曲げ半径r、曲げ長さLはそれぞれ以下のように計算できます。

$$r \geq d \times 6 + D／2 = 104.95 \text{〔mm〕}$$
$$L = 2\pi r／4 = r \times 1.57 = 164.8 \text{〔mm〕} \quad \Rightarrow 約170 \text{〔mm〕}$$

● ねじなし電線管（E19）

外径19.1 mm、厚さ1.2 mmより、内径16.7 mmです。従って曲げ半径r、曲げ長さLはそれぞれ以下のように計算できます。

$$r \geqq d \times 6 + D / 2 = 109.75 \ \text{[mm]}$$
$$L = 2\pi r / 4 = r \times 1.57 = 172.3 \ \text{[mm]} \Rightarrow 約 175 \ \text{[mm]}$$

表3.1.2 管の曲げ寸法（直角曲げの場合。パイプサイズ19，25，31の例）

パイプ サイズ（呼び方）	曲げ始めの 最小寸法〔mm〕	曲げ始め最小寸法 の場合の長さ〔mm〕	1回ごとに送り 込む寸法〔mm〕	曲げ回数目安
C19、E19	85	約210	約17	10〜15回
C25、E25	100	約250	約20	10〜15回
C31、E31	150	約350	約22	10〜15回

3.1.6 ロールベンダによる直角曲げ

　金属管の曲げ加工は熟練した技術が必要で、また手間がかかります。そこで誰でも比較的簡単に加工できるように開発された工具が「ロールベンダ」です。以下に、その特徴を挙げます。

- ✓ すべての曲げ加工が均一にできる
- ✓ 1回の動作で曲げ加工が容易にできる
- ✓ 曲げによるねじれが防止できる
- ✓ 任意の曲げ半径の加工ができないため、適応場所が制限される

　曲げ方に関してはパイプベンダと同様、床に置いて曲げる方法と、手に持って曲げる方法があります。また、曲げ始めをパイプベンダに合わせるまでの手順も同様です。異なるのはロールベンダの場合、配管を送り出すことなく一気に曲げることができる点です。

1 曲げ始めの点を決めます。正確に曲げるため、曲げ始め点に細目に印を付けます。

2 管をロールベンダに当てます。管の曲げ始めの箇所を、ロールベンダの曲げ始めの箇所に正確に合わせます（**図3.1.14**）。

3 管を曲げます。

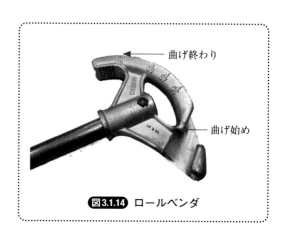

曲げ終わり

曲げ始め

図3.1.14 ロールベンダ

▶**床に置いて曲げる場合**

　管とロールベンダを直線上に揃えて、片足をロールベンダの踏み代に置いて抑えます。両手でロールベンダの柄を握り、体重をかけて手前に引きます（**図3.1.15**）。このとき配管の角度が90度になるようにして、曲げ終わり点までしっかりと曲げるのがコツです。

▶**手に持って曲げる場合**

右足でロールベンダの柄の端部を抑え、左手でロールベンダを持ちます。右手で管をロールベンダに沿わせるように下方に押します。そのまま体重をかけて、曲げ終わり点まで曲げます（**図3.1.16**）。

図3.1.15 床に置いて曲げる様子

図3.1.16 手に持って曲げる様子

3.1.7 ボックス接続のS曲げ（管を手に持って曲げる方法）

1　Sの高さを考慮して、管端より第1の曲げA点と第2の曲げB点の寸法を決め、それぞれの点をチョークで印を付けます（アウトレットボックス（中浅）の場合は、Sの高さ10 mm、第2の曲げまで150 mm程度が目安です）（**図3.1.17**）。

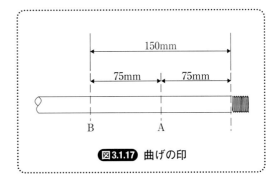

図3.1.17 曲げの印

2　管に合ったパイプベンダを左手に握って上にし、柄の先端を床に当てて管の曲げ始めのA点をパイプベンダの印に当てます。このときの注意点として、S曲げが取り付け状態の逆向きにならないよう、曲げる向きをしっかりイメージすることです。また、S曲げがねじれないようパイプベンダと90度に曲げた管が直角になるようにしましょう（**図3.1.18**）。

3　左手はパイプベンダの頭を持ち、右手を管のA点より約600 mm離れた所を上方から握り、パイプベンダと管を、前方に押し倒すような気持ちで、体重を静かにかけて、右手で管を下方に

押し曲げます。約7～8度で1回曲げとなります（**図3.1.19**）。

④ 管を180度反転し、第2の曲げB点をパイプベンダの印に合わせます。曲げは ③ と同じように行います。第1の曲げと平行にならないと、ボックスに直角には入りません（**図3.1.20**）。

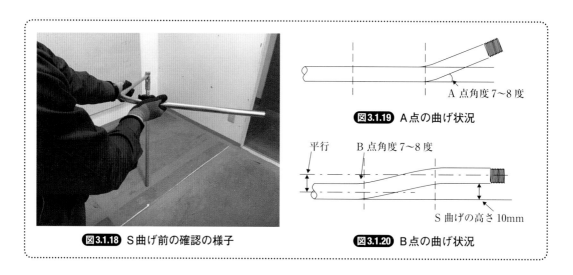

図3.1.19 A点の曲げ状況

図3.1.18 S曲げ前の確認の様子

図3.1.20 B点の曲げ状況

3.1.8 金属管相互の接続

▶カップリング接続（ねじ込み接続）

① 接続する管相互の管端を、カップリングの長さの1/2よりひと山ほど多くねじを切ります。

② 片方の金属管に、カップリングを（長さ1/2まで）ねじ込みます。

③ もう一方の管を、カップリングにねじ込みます。

④ プライヤなどを用い、カップリングの中央で管相互が突き当たるまで、堅固にねじ込みます（**図3.1.21**）。

⑤ カップリングと管にがたつきがないか、両方の管が直線になっているかを確認します。

⑥ カップリングの両端に、ねじ山がひと山ほど残っているかを点検します。

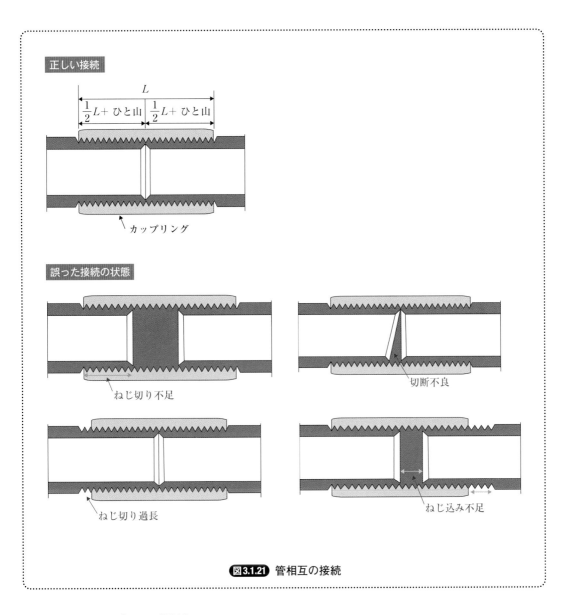

正しい接続

$$L$$
$$\frac{1}{2}L + \text{ひと山} \quad \frac{1}{2}L + \text{ひと山}$$

カップリング

誤った接続の状態

ねじ切り不足

切断不良

ねじ切り過長

ねじ込み不足

図3.1.21 管相互の接続

▶ねじなしカップリング接続

1 使用する金属管の管口へ、ヤスリやリーマを用いて管端の修正と面取りを行います。

2 ねじなしカップリングの止めねじを緩めます（**図3.1.22**）。

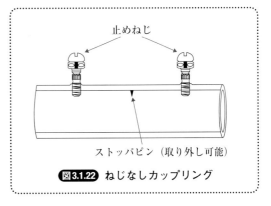

止めねじ

ストッパピン（取り外し可能）

図3.1.22 ねじなしカップリング

3️⃣ 金属管に、ねじなしカップリングをストッパに当たるまで差し込みます。鉛筆などで、ねじなしカップリング長の1/2の寸法を管に印をしておくと作業しやすいです。

4️⃣ 止めねじを、ドライバ、ボックスドライバなどを用いて堅固に締め付けます。

5️⃣ もう一方の管を、ねじなしカップリングのストッパに当たるまで差し込みます（**図3.1.23**）。

6️⃣ 手順 4️⃣ の要領で締め付けて、管に印を付けた所まで差し込まれているかなどを確認します（**図3.1.24**）。

7️⃣ 締め付けビスを回収します。

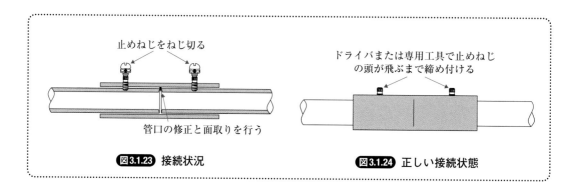

止めねじをねじ切る

管口の修正と面取りを行う

図3.1.23 接続状況

ドライバまたは専用工具で止めねじの頭が飛ぶまで締め付ける

図3.1.24 正しい接続状態

▶カップリングによる送り接続

この工法は一般的に、カップリングを使って金属管を接続しようとした際に、管に曲げ加工などがしてあり、どちらか片方でも回すことができないときに用いる接続方法です。

1️⃣ カップリングを送り出す法の金属管を、カップリングの長さLと、ロックナット1枚分の厚みを加えた寸法のねじを切ります（**図3.1.25**）。

2️⃣ カップリングを受ける側の金属管は、カップリングの長さの1/2の寸法だけねじを切ります。

3️⃣ 長くねじを切った金属管に、ロックナット、カップリングの順で取り付けます（**図3.1.26**）。

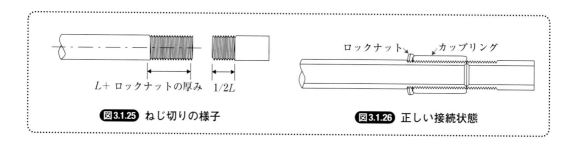

$L+$ ロックナットの厚み　　$1/2L$

図3.1.25 ねじ切りの様子

ロックナット　　カップリング

図3.1.26 正しい接続状態

4️⃣ 双方の金属管の接続部を真っ直ぐにし、管口を合わせてカップリングを相手側の管に送り込みます。

5️⃣ プライヤなどを用いてカップリングを堅固に締め付けた後、ロックナットも同様に締め付けます（**図3.1.27**）。なお、カップリングを受け入れる側の金属管のねじ切り部分が長くなってしまった場合、その管にもロックナットを入れ、両方のロックナットを締め付けて接続の緩みを防止する方法もあります（**図3.1.28**）。

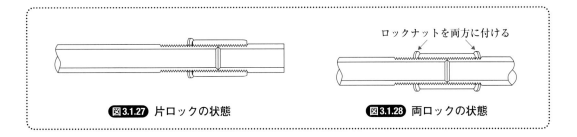

図3.1.27 片ロックの状態　　　　**図3.1.28** 両ロックの状態

▶ねじなしカップリングによる送り接続

1️⃣ 金属管の管口へ、ヤスリやリーマを用いて管端の修正と面取りを行います。

2️⃣ ねじなしカップリングの止めねじを緩めます。

3️⃣ 双方の金属管に、ねじなしカップリングの長さの1/2の寸法を、鉛筆などで印を付けます（**図3.1.29**）。

4️⃣ 片方の金属管に、ねじなしカップリングをストッパに当たるまで差し込み、さらに先端をペンチなどでたたいてストッパを取り除きます（**図3.1.30**）。

5️⃣ 双方の管接続部を真っ直ぐにして管口を合わせ、ねじなしカップリングを相手側の管に印を付けた位置まで移動させます（**図3.1.31**）。

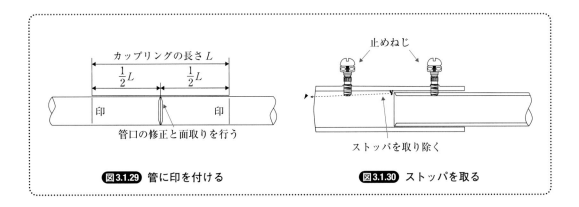

図3.1.29 管に印を付ける　　　　**図3.1.30** ストッパを取る

⑥ 双方の管がねじなしカップリングの中央で付き合わされているかを、管に付けた印で確認して、締め付けねじを堅固に締め付けます（**図3.1.32**）。

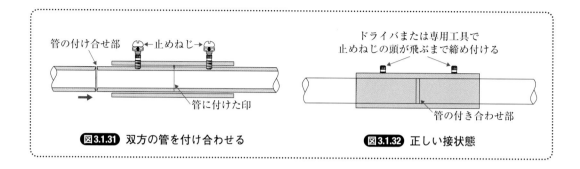

図3.1.31 双方の管を付け合わせる　　　　　**図3.1.32** 正しい接状態

3.1.9 金属管とボックスの接続

▶隠ぺいボックスとの接続

　ここでは、金属管と隠ぺいボックス（アウトレットボックス、スイッチボックス、コンクリートボックスなど）との接続方法を示します。

① 使用する金属管のサイズに合わせて、ボックスのノックアウトをペンチなどで抜き取ります。

② 金属管を、ロックナット2枚分とブッシング分のねじ山に、ボックスの厚みを加えた寸法よりさらにひと山程度多くねじを切ります（**図3.1.33**）。なお、リングレジューサを使う場合は、2枚分の厚みの寸法をさらに加えます。

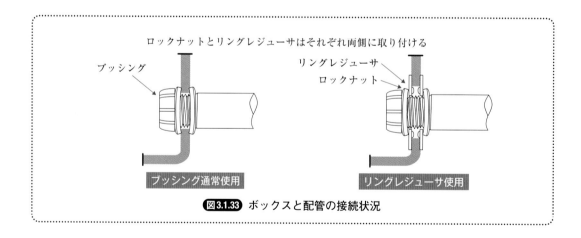

図3.1.33 ボックスと配管の接続状況

③ 管がボックス面に直角に入らない場合は、S曲げを行います。

④ 管にロックナットを取り付けてボックスに入れ、内側よりロックナットをねじ込み、プライヤを用いて堅固に締め付けます。

5 ブッシングを取り付け、プライヤで締め付けます。

　ロックナット、リングレジューサには、それぞれ表と裏があるので注意しましょう。ロックナットはくぼみの面を、リングレジューサは突起のある面を、それぞれボックス面に向けて使用します（**図3.1.34**）。

　また、ねじなし電線管については、ボックスコネクタをボックスのノック穴に取り付けて、コネクタに管を突き当たるまで差し込み、止めねじを締め付けて接続を行います（**図3.1.35**）。

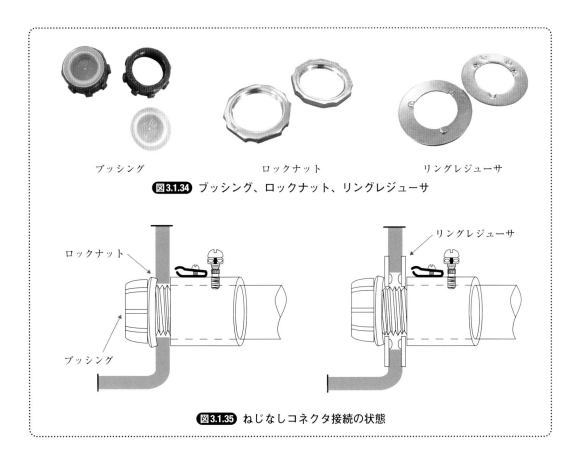

|ブッシング|ロックナット|リングレジューサ|

図3.1.34 ブッシング、ロックナット、リングレジューサ

図3.1.35 ねじなしコネクタ接続の状態

▶露出ボックスとの接続

（ねじ接続）

　露出ボックスの種類には、丸型露出ボックスとスイッチボックスがあります。いずれも金属管を接続する部分にハブ（雌ねじ）が設けられており、接続するときはハブの寸法に合わせてねじを切って金属管をS曲げし、ボックスのハブにねじ込んで接続します（**図3.1.36**）。

（ねじなし接続）

　ねじなし電線管用の露出ボックスのハブに、管の端口を面取りした金属管を差し込み、ハブの止めねじをドライバなどで堅固に締め付けて接続します（**図3.1.37**）。

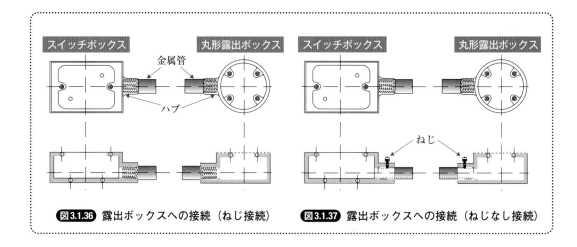

図3.1.36 露出ボックスへの接続（ねじ接続）　**図3.1.37** 露出ボックスへの接続（ねじなし接続）

3.1.10 金属管の接地工事（アースボンドの接続方法）

▶ラジアスクランプを用いる場合

1 金属管のサイズに合ったラジアスクランプ（**図3.1.38**）を金属管に巻き付け、クランプの溝に、折り曲げ加工したボンド線を入れます。なお、ボンド線が単線のときは、線の端を2〜4本に折り返し加工して溝に入れないと、締め付けた後に緩むことがあるので注意しましょう（**図3.1.39**）。

2 クランプの両端を寄せて、手でかみ合わせます（**図3.1.40**）。

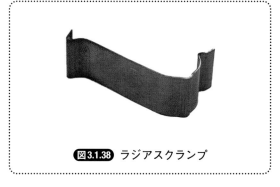

図3.1.38 ラジアスクランプ

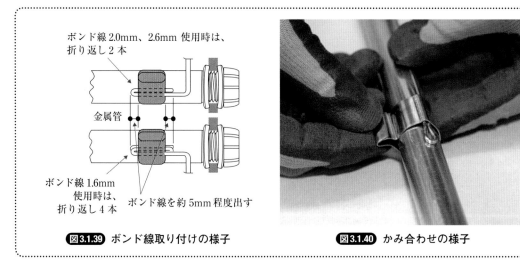

ボンド線 2.0mm、2.6mm 使用時は、折り返し2本

金属管

ボンド線 1.6mm 使用時は、折り返し4本

ボンド線を約5mm程度出す

図3.1.39 ボンド線取り付けの様子　**図3.1.40** かみ合わせの様子

3 ボンド線をクランプの両端より5mmほど突出し、プライヤまたはペンチでかみ合わせ部を挟んで先端をつぶします（**図3.1.41**）。

4 プライヤまたはペンチをかみ合わせ部に深く差し込んで強く握り締め、締まる方向に傾け、かみ合わせ部先端を折り返します（**図3.1.42**）。折り曲げ部は、折り倒した山の部分をたたくと緩むので注意しましょう。

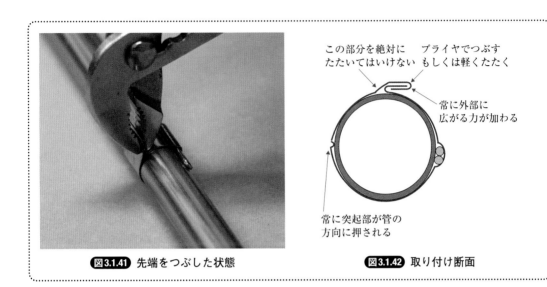

図3.1.41 先端をつぶした状態

図3.1.42 取り付け断面

▶ねじなし電線管の場合

　コネクタの接地端子用ねじをドライバで緩め、ボンド線の先端を端子の溝に差し込み、ドライバでねじを締め付けます（**図3.1.43**）。

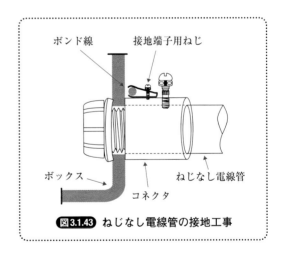

図3.1.43 ねじなし電線管の接地工事

▶接地線と金属管の接続

　管路は、使用電圧に応じて接地工事（電技解釈第159条第3項四号、五号）を行います。従って、管路全体が電気的に接続されていなければなりません。アースクランプボンド線などを用いて、金属管相互および金属管とボックスなどと接地線との接続を行います。

3.1.11 露出配管作業

ここでは、一般ビルの倉庫、機械室で細物の電線管を使用した場合の、基本的な作業手順を示します。

▶作業準備

使用工具、使用資材の種類と数量を揃えて点検します。特に材料については、あらかじめ図面と現場状況をよく確認し、作業方法を検討した上で確保します。作業中に材料の不足が出ると、作業が中断してしまうこともあるので、注意します。また、作業足場は現場状況に応じ、作業の安全が確保されるものを用意します（2m以上は高所作業となるため、作業足場などの用意が必要）。

▶墨出し

墨出しは、決められた寸法をボックスの芯に合わせ、鉛筆などで明確に印を付けます。また、印がボックスより必要以上にはみ出さないよう注意します。壁や天井が仕上がった場所では、後で消すことのできるチョークラインを使用します。

▶露出ボックスの取り付け

露出ボックスには、鋼板製と鋳鉄製の2種類があります。鋼板製にはねじ式とねじなし式が、鋳鉄製にはねじ式があります。屋内の場合は鉄板製ねじなしボックスとねじなし電線管との組み合わせで、屋外の場合は鋳鉄製ねじ式ボックスと厚鋼電線管との組み合わせで使用されることが多いです。

ボックスは、水平器などを利用して水平、垂直に取り付けます。最初に仮止め状態で作業をし、配管を支持する際に本締めを行います。また、スイッチボックスは、既存の取付ねじ穴が2個（1個）、または4個（2個以上）空いているので（**図3.1.44**）、それに合わせて振動ドリルで小孔を開けてカールプラグなどを充填し、付属のビスで取り付けます。

丸型ボックス（**図3.1.45**）の場合は、用途に応じて、1カ所または2カ所の取付穴を開けて取り付けます。器具を取り付ける場合は2カ所止めとするのが一般的です。

図3.1.44 1方出露出型スイッチボックス

図3.1.45 1方出露出型丸ボックス

▶配管施工上の注意事項

✓ 継ぎ手（カップリング）の箇所が多くなると美観が悪くなるが、慣れないうちは無理をせず適当な長さの箇所にカップリングを使用して作業した方がよい

✓ ボックス周りやユニバーサル取り付け箇所では300 mm以内で配管を支持する

✓ 曲げ加工付近、カップリング部分などは対象になるよう体裁よく支持する

✓ 正確に寸法取りを行う

✓ 管のS曲げは美観を考慮し、体裁よく加工する（**図3.1.46**）

✓ 90度曲げは、管の半径が大きくなり過ぎないようにする

✓ 曲げ加工は、つぶれ、くぼみが出ないよう1回の曲げ強さに注意して行う

✓ 管の取り付けは、造営材に密着するように行う

✓ 管と管の交差する場合、高さ、幅共に必要以上に大きくならないよう加工する（**図3.1.47**）

✓ 複数の管が配管される場合は、管相互の間隔は常に平行であること

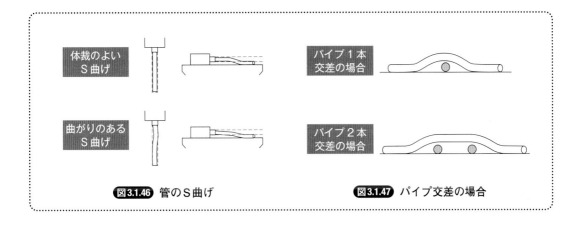

図3.1.46 管のS曲げ　　　　　　**図3.1.47** パイプ交差の場合

▶配管作業の手順

　露出配管作業では、始めにボックスの位置を、次に管を支持する場所を決め、ボックスから壁や梁、天井までの距離を測った後に配管を行います。ここでは、ねじなし型でサドルベース（**図3.1.48**）を使用した、**図3.1.39**のような施工での作業手順について述べます。

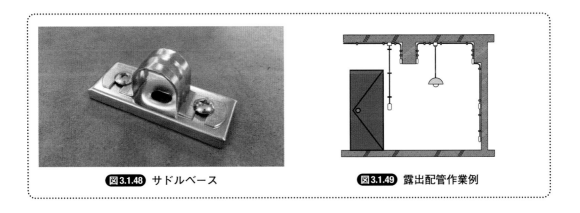

図3.1.48 サドルベース　　　　　　**図3.1.49** 露出配管作業例

1 図面に従い墨出しを行ったら、ボックスと配管支持箇所に取付穴を開け、カールプラグなどを埋め込みます。

2 スイッチボックス（ユニバーサル）と丸型ボックスを仮止めし、サドルベースを取り付けます。

3 90度曲げの寸法を測り、90度曲げを行います。寸法は、壁から丸型ボックスのハブ内側まで実測し、その寸法からサドルベースの高さ分の寸法を引きます。続いて、スイッチボックス（ユニバーサル）のハブ内側より、天井までの寸法を測ります。

4 管を切断します。切り口は直角に切り、面取りを行います。

5 スイッチボックスをいったん外します。丸型ボックス側に先に接続し、止めねじを仮止めします。後からスイッチボックス（ユニバーサル）に管を接続し、こちらも同様に止めねじを仮止めします。後からスイッチボックス（ユニバーサル）に管を接続して仮に固定します。差し込みねじを締め付けておくと配管を固定しやすくなります。

6 ハブの中に管が正しい寸法で挿入されているかを確認します。併せて管は壁面に密着しているか、管のねじれがないかも確認します。

7 ボックスの本締めをします（**図3.1.50**〜**図3.1.52**）。

8 配管の支持を済ませ（**図3.1.53**）、止めねじを締め付けます。

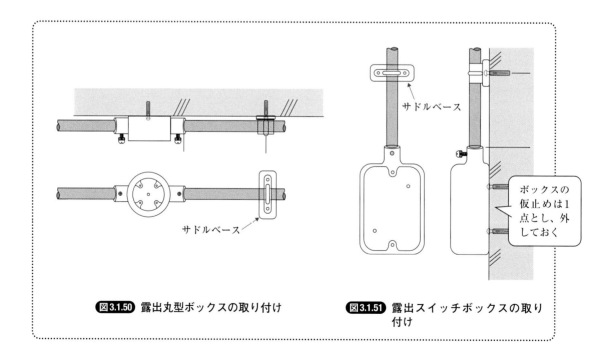

図3.1.50 露出丸型ボックスの取り付け

図3.1.51 露出スイッチボックスの取り付け

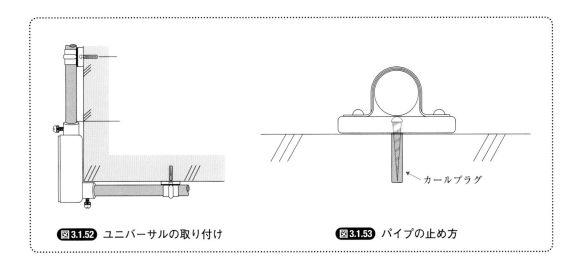

図3.1.52 ユニバーサルの取り付け

図3.1.53 パイプの止め方

カールプラグ

なお、ここでは管をベンダで曲げる作業を中心に解説しましたが、ねじなしノーマルベンド（**図3.1.53**）という材料も普及しているため、自身の技能や、管の太さを考慮して選択するとよいでしょう。

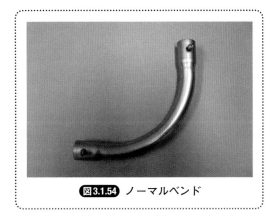

図3.1.54 ノーマルベンド

硬質ビニル電線管工事

 合成樹脂管工事とは

合成樹脂管工事は、合成樹脂製の管（合成樹脂管）の中に電線を通して配線する工事です。合成樹脂製の管には、硬質ビニル電線管、合成樹脂製可とう管などがありますが、いずれも「合成樹脂管工事」と呼びます。なお、合成樹脂管や金属管（金属製の管）など、電線を通して使う管をまとめて「電線管」と言い、電線管に電線を通すことを「通線」と言います。

【関連規定】電技解釈：第158条［合成樹脂管工事］｜内線規程：3115節［合成樹脂管配線］

3.2.1 硬質ビニル電線管の種類と用途

　硬質ビニル電線管には、硬質ポリ塩化ビニル電線管（VE）と、耐衝撃性硬質塩化ビニル電線管（HIVE、HIはHigh-Impactの略）の2種類があります。高所からのコンクリート打設などの現場では、耐衝撃に強い電線管を用いる必要があります。また、管の厚さは2mm以上であることが定められています（**表3.2.1**）。

　使用する電線には、絶縁電線（屋外用ビニル絶縁電線を除く）で、より線を用います。ただし、直径3.2mm（アルミ線にあっては4mm）以下の単線も使用することができます。

表3.2.1 硬質ポリ塩化ビニル電線管（VE）と耐衝撃性硬質塩化ビニル電線管（HIVE）※

※ 引用・参考文献：JIS C8430（2019）

呼び方	外径〔mm〕	肉厚〔mm〕	対応する金属管（呼び方）		参考重量〔g/m〕
			厚鋼（G）	薄鋼（C）	
14	18.0	2.0	—	15	144
16	22.0	2.0	16	19	180
22	26.0	2.0	22	25	216
28	34.0	3.0	28	31	418
36	42.0	3.5	36	39	605
42	48.0	4.0	42	—	700
54	60.0	4.5	54	51	1,122
70	76.0	4.5	70	63	1,445
82	89.0	5.9（HI5.8）	82	75	2,202

▶付属品の種類

　付属品は、電気用品安全法の適用を受ける硬質ビニル管用のものを使用する必要があります（**図3.2.1**）。

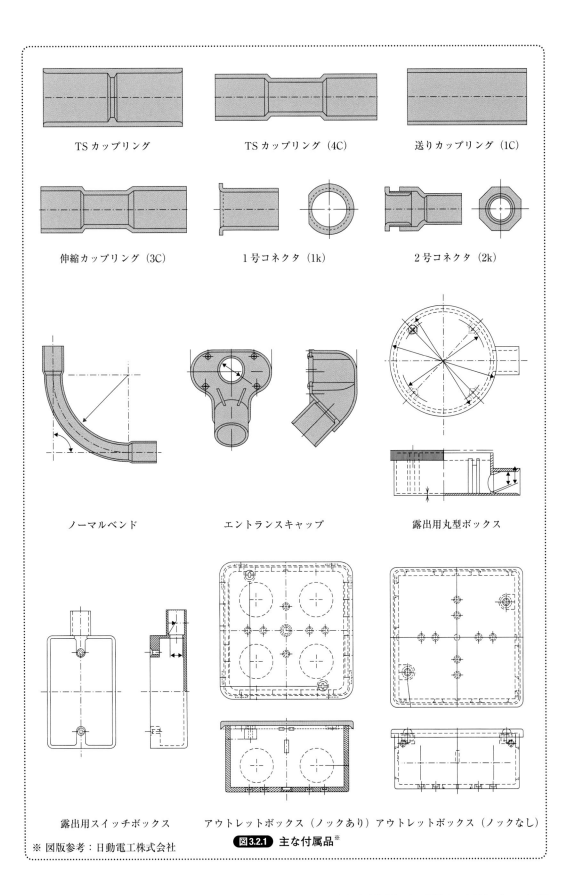

TS カップリング　　　　TS カップリング（4C）　　　送りカップリング（1C）

伸縮カップリング（3C）　　　1 号コネクタ（1k）　　　　2 号コネクタ（2k）

ノーマルベンド　　　　エントランスキャップ　　　露出用丸型ボックス

露出用スイッチボックス　アウトレットボックス（ノックあり）アウトレットボックス（ノックなし）

※ 図版参考：日動電工株式会社

図3.2.1 主な付属品※

3.2.2 硬質ビニル電線管の切断と管端部の処理

1 鉛筆またはサインペンで、管の切断面に印を付けます。

2 管を切断します。塩ビ管カッタを使用する場合は、パイプをしっかりと握り、カッタの刃を切断箇所の印に当て、カッタの柄を握り、直角に切断します。

3 金切りのこで切断する場合は、パイプを万力などにしっかりと固定して、刃を切断箇所の印に直角に当てます。刃を細かく前後に動かし切り口を付けてから切り始め、切り終わりでは金切りのこを静かに動かして管が折れないように注意して切断します。

4 管端部の処理（面取り）をします。管端の内角外角に面取り器の凹凸部を入れます（**図3.2.5**）。面取り器の軸と管軸を一直線にして押しながら右方向に回します。管厚の1/3を削ったら、面取り器を軽く回しながら外します。最後にウエスなどで管に付着した切り粉やホコリを拭き取ります。

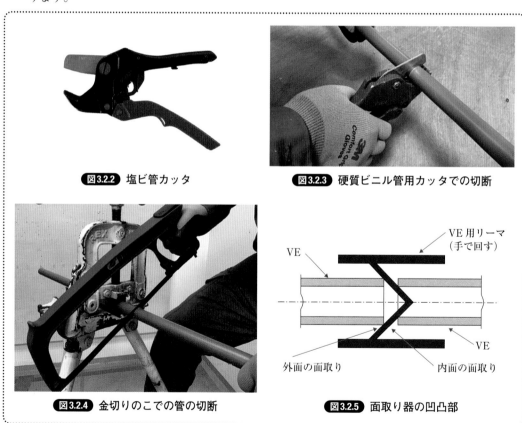

図3.2.2 塩ビ管カッタ

図3.2.3 硬質ビニル管用カッタでの切断

図3.2.4 金切りのこでの管の切断

図3.2.5 面取り器の凹凸部

VE用リーマ（手で回す）

VE

VE

外面の面取り

内面の面取り

⑤ 作業が済んだら、以下の項目について点検します。

- ✓ 直角に切断しているか
- ✓ 管端が平らであるか
- ✓ 管に傷はないか
- ✓ 内外角の面取りは平均しているか
- ✓ 切り粉やホコリが残っていないか

図3.2.6 管端部処理の様子

3.2.3 硬質ビニル電線管相互の接続

▶TSカップリング（4C）を使用する場合

① 管端部の処理をします。

② カップリングと管の内外面をウエスでよく拭き取ります。

③ カップリングの内面と、差し込む管の外面に接着剤を塗ります。

④ カップリングおよび管を40度位回し、止まるまで十分差し込んで20秒程度押さえ付けます。

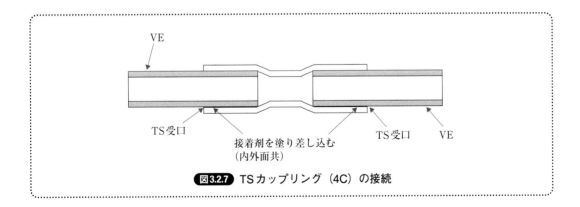

VE

TS受口　　接着剤を塗り差し込む　　TS受口　　VE
　　　　　（内外面共）

図3.2.7 TSカップリング（4C）の接続

▶TSカップリング（1C）を使用する場合

① 管端部の処理をします。

② カップリングと管の内外面をウエスでよく拭き取ります。

③ 管の両端にカップリングの1/2の長さ（差し込み深さ）で印を付けます。

④ カップリングの内面と、管端外周に接着剤を塗ります。

⑤ 片方の管を印の所まで差し込み、他方の管をカップリングの中で前の管に突き当たるまで差し込みます。

⑥ 送りカップリングとして使用するときは、**図3.2.9**のように、突き合わせたパイプの片側にカップリングを寄せておき、接着剤を塗って戻します（戻してトーチで温め、収縮固定することもあります）。

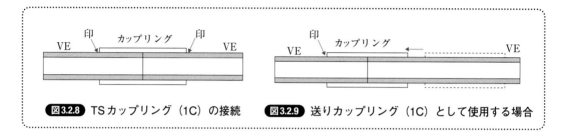

図3.2.8 TSカップリング（1C）の接続　　**図3.2.9** 送りカップリング（1C）として使用する場合

▶伸縮カップリング（3C）を使用する場合

① 管端部の処理をします。

② カップリングと管の内外面をウエスでよく拭き取ります。

③ TS受け取り側は、TSカップリングと同様に接着剤で接続します。

④ 伸縮側の接続は、ルーズ接続にします。施工時の気温を考慮して、差し込みの深さを決めます。

接着剤は塗らない

TS受口

伸縮調整しろ　冬　夏　　VE

$$\Delta \ell = 7L\Delta\theta \times 10^{-5} \,〔\mathrm{m}〕$$
*4mの直管で温度差30℃で約8.4mmの伸縮がある

伸縮長：$\Delta \ell$
直管の長さ：L
温度差：$\Delta \theta$
熱膨張係数：$6 \sim 8 \times 10^{-1}$

図3.2.10 伸縮カップリング（3C）を使用する場合

▶差し込み工法

① **図3.2.11**のようにA管は内面、B管は外面の管端部の面取り処理をします。

② 加熱したA管を、直管にB管を必要な長さを差し込みます。

③ 乾いたウエスでA管の形を整え、濡れた

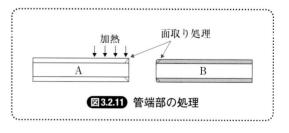

加熱　　　面取り処理

A　　　　B

図3.2.11 管端部の処理

ウエスで整形します。管相互の接続では、接着剤を塗り過ぎると接着剤の膜ができ、通線が難しくなるので注意します。

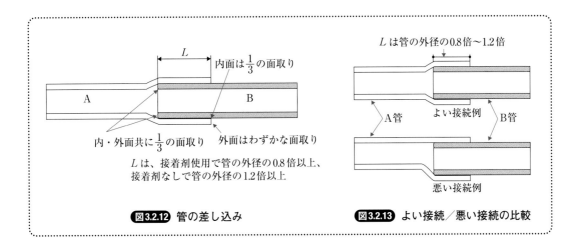

図3.2.12 管の差し込み

図3.2.13 よい接続／悪い接続の比較

3.2.4 硬質ビニル電線管とボックスの接続

▶樹脂製ボックスの穴開け加工

1 配管の方向と管の太さを確認します。

2 穴の中心を定めます。ボックス底部の外面より穴の下端まで8 mm以上離します。同じ面に2本以上の管が入るときは、バランスを考慮して穴と穴の間を10 mm以上離します。

3 管のサイズに合ったホルソー（ビニルホルソー）をドリルに取り付けて、穴の中心にホルソーの切り先を合わせ、ボックスを固定してゆっくり穴を開けます。

4 ヤスリとバリ取りで穴のバリを取り、仕上げます。

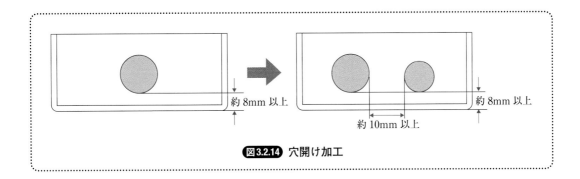

図3.2.14 穴開け加工

図3.2.15 ビニルホルソー※

※ 写真提供：株式会社イケダ

図3.2.16 ボックス穴開けの様子

▶管とボックスの接続（1号コネクタの場合）

　1号コネクタは、直径100mm（100φ）以上のパイプ接続で使用します。ボックスの内側から穴にコネクタを差し込み、外側に出します。"つば"の切り取り部分をボックスの底面に向け、TSカップリングを使用してボックスとパイプの接続を行います（1号コネクタの形状は**図3.2.1**を参照）。

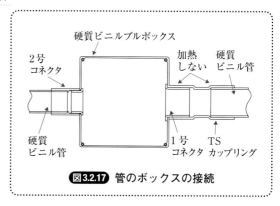

図3.2.17 管のボックスの接続

▶管とボックスの接続（2号コネクタの場合）

　ボックスの内部から穴にコネクタの雄ねじ部を差し込み、雌ねじ部で固く締め付け、パイプ接続を行います。

3.2.5 硬質ビニル電線管の曲げ

▶直角曲げ

1 直角曲げの長さ（寸法）は、管の内径の6倍以上とします。曲げ半径と曲げ長さはそれぞれ以下のように算出します。

　　曲げ半径：$r \geqq d \times 6 + \dfrac{\theta}{2}$

　　曲げ長さ：$L \geqq r \times 1.57$

2 曲げの長さが決まったら、曲げ始めと曲げ終わりの箇所にそれぞれチョークなどで印を付けます。

3 トーチランプと管をそれぞれ持ち、管を回しながらすばやく印より少し長めに管の周り全面を平均に加熱します。加熱の目安は、管に光沢が出て、指で押したときに軽く凹む程度がよいで

しょう。なお、加熱時はトーチランプから出る炎の最高温度の場所に当てます。赤い炎の部分で加熱すると、VE管の表面が黒ずむので注意しましょう。加熱温度は120〜130℃（管にわずかな光沢が出る温度）が適温です。また、トーチランプは常に動かして加熱するのがコツです。

4　管を曲げます。ベニヤ板などに原寸を書き、加熱した管をその上に置いて合わせながら、乾いたウエスを用いて管をこすり、形を整えます（管がつぶれないように注意しましょう）。整形した形を崩さないようにして、濡れたウエスで冷却します。

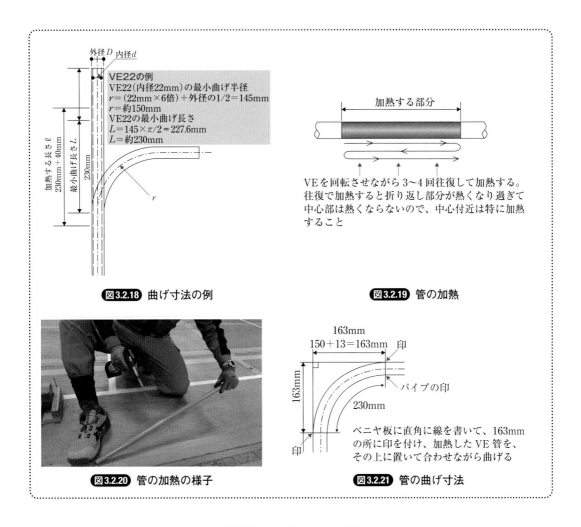

VE22の例
VE22（内径22mm）の最小曲げ半径
$r = (22mm × 6倍) + 外径の1/2 = 145mm$
$r = 約150mm$
VE22の最小曲げ長さ
$L = 145 × π/2 = 227.6mm$
$L = 約230mm$

図3.2.18 曲げ寸法の例

VEを回転させながら3〜4回往復して加熱する。往復で加熱すると折り返し部分が熱くなり過ぎて中心部は熱くならないので、中心付近は特に加熱すること

図3.2.19 管の加熱

図3.2.20 管の加熱の様子

150 + 13 = 163mm

ベニヤ板に直角に線を書いて、163mmの所に印を付け、加熱したVE管を、その上に置いて合わせながら曲げる

図3.2.21 管の曲げ寸法

表3.2.2 直角曲げ加工の数値

パイプサイズ	曲げ半径 r 〔mm〕	曲げ長さ L 〔mm〕	あぶり長さ l 〔mm〕
16	120	190	230
22	150	230	270
28	190	300	340

▶S曲げ

1 ベニヤ板などに曲げ寸法S字形を書いて、管に曲げに要する印を付けます。

2 Sの高さ合わせて、加熱する長さを調節します。Sが高い（大きい）ほど、加熱する時間も長くなります。

3 直角曲げと同様に加熱し、ベニヤ板の寸法に合わせて管を曲げ、乾いたウエスで整形した後、濡れたウエスで冷却します。

小さなS曲げ（ハブ付き露出ボックス）

1 **図3.2.22**のようにパイプに印を付けて、その部分を加熱します。

2 加熱したVE管をボックスのハブに差し込み、静かに押さえます。

3 管が変形しないようにSを固定して、乾いたウエスで整形した後、濡れたウエスで冷却します。

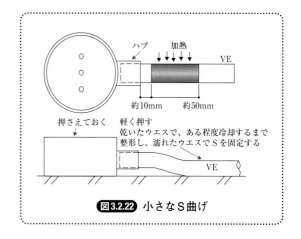

図3.2.22 小さなS曲げ

3.2.6 露出配管支持と施工上の注意

1 管の支持点間の距離は1,500 mm以下として、管相互、管とボックスの接続点および管端はそれぞれ近くの箇所300 mm以内に支持します。

2 細物電線管の支持点は800～1,200 mm程度が望ましいです。ただし、国土交通省仕様の場合、パイプサイズ（22）以下は、1,000 mm以下とします。

3 屋外などの寒暖差が大きい場所に露出配管をする場合には、8 mごとに1カ所、伸縮カップリング（3C）を使用します。

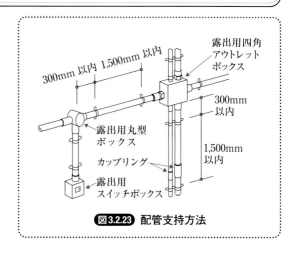

図3.2.23 配管支持方法

3.3 合成樹脂管工事2
合成樹脂製可とう電線管工事

💡 **合成樹脂製可とう電線管の普及**

合成樹脂製可とう電線管（以下PF・CD管と言う）は、新しい配管材として登場した直後から急速に普及し、施工の合理化や省力化に大きく役立っています。現場での労働力不足などもあり、現在では官公庁、民間工事を問わず、金属管よりも多く使用されています。また、1992年（平成4年）に「電気設備に関する技術基準を定める省令」および「内線規程」が改訂され、異種管との接続や金属ボックスの使用などが可能となったことで施工範囲が広がり、施工がより容易になりました。

【関連規定】電技解釈：第158条［合成樹脂管工事］｜内線規程：3115節［合成樹脂管配線］

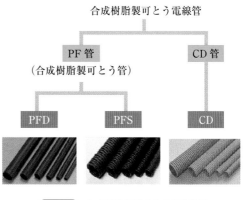

図3.3.1 合成樹脂製可とう電線管

3.3.1 PF管・CD管の特性

　PF管・CD管は、従来の電線管（金属管や硬質ビニル管）になかった特性を有しており、配管工事では作業時間の短縮や作業性の向上、安全性の向上に貢献しています。

▶**長所**

✓ 可とう性に優れているため、曲げ作業に特別な工具を必要とせず、配管工事が容易

✓ 切断が容易でねじ切り作業が不要

✓ 長尺であるため接続箇所が少ない

✓ 束巻形状で軽く、運搬や移動が容易で置き場スペースも確保しやすい

✓ 耐食性や耐久性に優れる

✓ 非磁気性体のためボンディングが不要

✓ 非磁気性体のため電磁的不平衡の心配がない

✓ 管の内側が波形のため摩擦係数が小さく通線が容易

✓ 作業時に音が出ないので工事中の騒音対策になる

▶**短所**

✓ 簡単に曲げることができるため曲げ部分が多くなりやすい

✓ コンクリート打設時に立ち上げパイプが倒れやすくつぶれる恐れがある

✓コンクリート打設時に鉄筋への結束が多くなる

✓温度硬化があるので季節によって多少配管の難易度が違う

✓間の内側が波形のため水が入ると取り除くのが困難

✓金属ボックスや機器など接地が必要な箇所には接地線が必要

✓合成樹脂製のため熱や重圧に弱い

✓建築基準法の不燃材料および難燃材料に該当しないので使用上の制限がある

▶**材質**

　PF管には二重管と一重管があり、かつ、波形と平滑形があります。二重管は、波形のポリエチレン管の外面を難燃性（自己消火性）がある塩化ビニルで覆ったものです。一重管は、自己消火性のあるポリエチレンを使用したものです。

　CD管は、ポリエチレンを使用したものです。

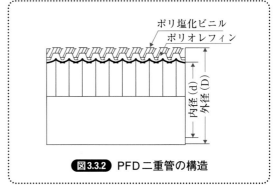

図3.3.2 PFD二重管の構造

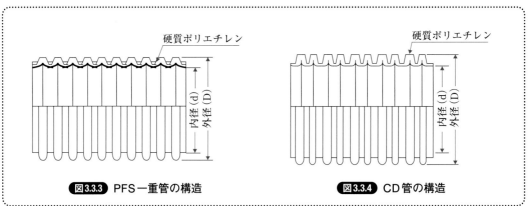

図3.3.3 PFS一重管の構造

図3.3.4 CD管の構造

▶**寸法**

表3.3.1 PDS管の規格表（古河電工製の場合）

品番 サイズ	内径 〔mm〕	外径 〔mm〕	長さ／把 〔m〕	把の大きさ〔mm〕			質量／把 〔kg〕
				内径	外径	幅	
PFS-14	16	21.5	50	420	575	195	4
PFS-16	17	23	50	420	590	215	4
PFS-22	24	30.5	50	420	640	270	6
PFS-28	30	36.5	30	420	620	260	4
PFS-36	38	45.5	30	420	670	320	6
PFS-42	42	52	30	420	810	250	7
PFS-54	53	64.5	30	420	900	280	10

表3.3.2 PFD管の規格表（古河電工製の場合）

品番 サイズ	内径 〔mm〕	外径 〔mm〕	長さ／把 〔m〕	把の大きさ〔mm〕			質量／把 〔kg〕
				内径	外径	幅	
PFD-16	16	23.0	50	420	590	215	9
PFD-22	22	30.5	50	420	640	270	12
PFD-28	28	36.5	30	420	620	260	8
PFD-36	36	45.5	20	420	660	220	8
PFD-42	40	52.0	10	420	620	210	5
PFD-54	52	64.5	10	420	670	250	6

表3.3.3 CD管の規格表（古河電工製の場合）

品番 サイズ	内径 〔mm〕	外径 〔mm〕	長さ／把 〔m〕	把の大きさ〔mm〕			質量／把 〔kg〕
				内径	外径	幅	
CD-14	14	19	50	420	555	180	3
CD-16	16	21	50	420	570	195	3
CD-22	22	27.5	50	420	620	245	5
CD-28	27	34	30	420	600	240	4
CD-36	35	42	30	420	650	290	5

▶使用範囲

表3.3.4 施工場所の区分

施工場所	電力線				小勢力・弱電流電線				情報線	
	絶縁電線		ケーブル		絶縁電線		ケーブル		LAN・TV・電話	
	PF管	CD管	PF管	CD管	PF管	CD管	PF管	CD管	PF管	CD管
コンクリート埋設	○	○	○	○	○	○	○	○	○	○
屋内（露出、隠ぺい）	○	×	○	△	○	☆	○	△	○	△
屋外（雨線内、雨線外）	○	×	○	△	○	☆	○	△	○	△

○：使用可　×：使用不可　△：自己消化性であるPF管の使用が望ましい
☆：場合によっては不可（電技解釈181条参照）

（注意事項）

✓合成樹脂製可とう電線管は重量の圧力、または著しい機械的な衝撃を受ける場所に施設してはならない（ただし、適切な防護装置を施す場合はこの限りではない）

✓コンクリート内への埋設は重量物の圧力または著しい機械的な衝撃を受ける場所とはみなさない

✓爆燃性粉じん、可燃性ガスのある場所では使用禁止、また周囲温度の高い場所（60℃以上）では使用を避ける

3.3.2 施工上の注意

✓ 合成樹脂管は専用のカッタで直角に切断し、管端口（管内側）は中に通す電線が損傷しないように滑らかにする

✓ パイプを曲げるときはその断面が著しく変形しないようにし、その内側の半径は管内径の6倍以上とする。ただし、やむを得ない場合は管の内断面が著しく変形しない程度まで小さくすることができる

✓ CD管はコンクリートに直接埋め込んで使用する。露出、隠ぺい配線を行う場合は、PF管を使用する（ケーブル工事、保護管または弱電回路の使用は除く）

✓ ボックスとボックスの間や、器具と器具の間の配管は、3カ所を超える直角や、これに近い屈曲箇所を設けないこと。また、こう長が30mを超える場合はボックスを敷設すること

✓ 合成樹脂管の支持間隔は1.5m以下。ボックスと管、管と管は0.3m程度、露出配管の場合は1m以下での支持がよい

✓ 管とボックス、管と管の接続は、適合する付属品を使用して接続する

✓ 重量物の圧力、または著しい機械的衝撃を受けないように敷設する

✓ 合成樹脂管に金属製ボックスを使用するとき、使用電圧が300V以下の場合はD種接地工事を施す。ただし、「使用電圧が150V以下の場合で、乾燥した場所や簡易接触防護処置を施した場所に施設する場合」にはD種接地工事を省略できる

✓ 使用電圧が300V以下の場合はC種接地工事を施す。ただし、「簡易接触防止処置を施した場所に施設する場合」はD種接地工事でよい

簡易接触防護措置とは（電技解釈第1条より）

✓ 設備を屋内では床上1.8m以上、屋外では2m以上の高さに、かつ、人が通る場所から容易に触れることのない範囲に施設すること

✓ 設備に人が接近または接触しないように、柵や塀などを設け、または設備を金属管に収めるなどの防護措置を施すこと

3.3.3 埋設配管（コンクリートスラブ配管）

▶埋設配管の概要

　埋設配管とは、主にコンクリート内部に配管を敷設する工事のことです。一度敷設が完了してしまうと、手直し工事を行うことが困難となります。さらに、敷設方法が悪いとその後の通線工事ができなくなってしまったり、コンクリート本来の強度が低下してしまうため、正しい施工が求められる工事です。

▶作業手順

1 PF管・CD管は束巻で、そのまま伸ばすこともできますが、可とう電線管引出リールを使用すると作業性がよくなります。管の切断は、フレキ用カッタや電工ナイフで、管軸と直角に切断します。

2 埋設する配管の径は28 mm以下とし、かつスラブ厚の1/4以下とします。

3 鉄筋がダブルで配筋されているスラブでは上筋と下筋の間に配管し、シングルで配筋されているスラブは鉄筋の下に配管します。鉄筋が交差している部分への配管はしてはいけません。

4 二重筋での管と管の交差も上筋と下筋の間では行わず、踏み付けによるつぶれの影響を受けないように交差配管します。

5 配管を並べる際は、中心間隔で70 mm以上の間隔を空けて配管し、3本以上の並行にならないようにします。

6 梁と平行に配管する場合は、500 mm以上の離隔を空けて配管します。梁を横断して配管する場合は、あばら筋間に1本のみ配管し、まとめての配管はしません。

7 配管が完了したら、バインド線または結束線を使用して固定します。ボックスや管接続部（カップリングやエンド伏せ）から300 mm以内の位置で、管の途中は1,000 mm以下で固定するのが望ましいです（間隔が広がるとコンクリート打設時に管が動いたり、浮き上がりが発生し、後作業の線を通しにくくなります）。

8 間仕切り壁などへの立ち上げは、コンクリート打設時に倒れないように、鉄筋や全ねじボルト、立ち上げ支持材などを使用して、堅固に支持をします。

　なお、屋上スラブへの埋設配管は漏水の原因になるので、基本的には行いません。また、最近の現場ではコンクリート埋設配管自体を禁止する現場もありますので、事前に建築業者、設計業者へ確認を取ることが重要です。

▶埋設配管の施工例

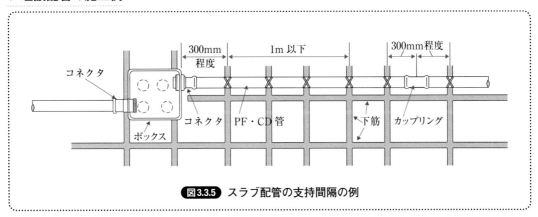

図3.3.5 スラブ配管の支持間隔の例

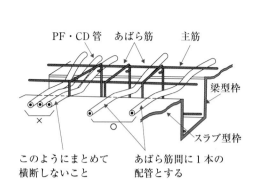

PF・CD管　あばら筋　主筋

梁型枠

スラブ型枠

このようにまとめて
横断しないこと

あばら筋間に1本の
配管とする

図3.3.6 梁横断の例

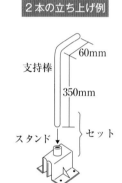

キャップ

支持用鉄筋棒
L字形に曲げ
スラブ筋と結
束する

バインド線
で結束

PF・CD管
ただし、CD管はコン
クリート壁立ち上げのみ

図3.3.7 立ち上がり配管の支持例

単独の立ち上げ例

60mm

2サイズ（16、22）
兼用のキャップ

曲げ半径が自由に
できる鉄線

先端U字加工

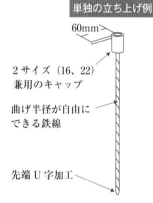

管立ち上げ支持鉄線

2本の立ち上げ例

支持棒

60mm

350mm

スタンド　セット

連立管立ち上げ固定具

管端キャップもしくは
ガムテープで養生する

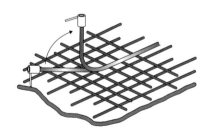

図3.3.8 立ち上げの例

▶建て込み配管（コンクリート埋設）の施工例

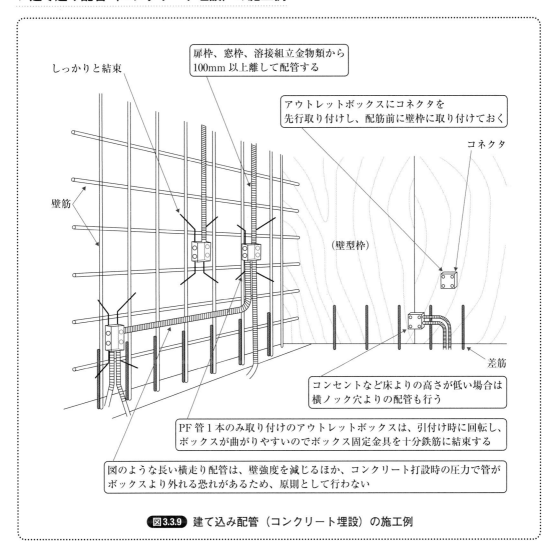

しっかりと結束

扉枠、窓枠、溶接組立金物類から
100mm 以上離して配管する

アウトレットボックスにコネクタを
先行取り付けし、配筋前に壁枠に取り付けておく

コネクタ

壁筋

（壁型枠）

差筋

コンセントなど床よりの高さが低い場合は
横ノック穴よりの配管も行う

PF 管 1 本のみ取り付けのアウトレットボックスは、引付け時に回転し、
ボックスが曲がりやすいのでボックス固定金具を十分鉄筋に結束する

図のような長い横走り配管は、壁強度を減じるほか、コンクリート打設時の圧力で管が
ボックスより外れる恐れがあるため、原則として行わない

図3.3.9 建て込み配管（コンクリート埋設）の施工例

▶建込配管（LGS壁、ライトゲージスチール）の施工例

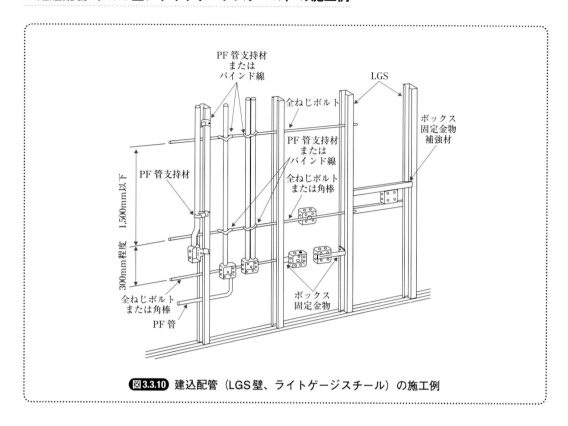

図3.3.10 建込配管（LGS壁、ライトゲージスチール）の施工例

▶防火区画の貫通

　電線管やケーブルを貫通する場合は、「防火区画壁の両端に1m以上の鉄管を突き出しモルタルで穴埋めする」仕様規定を採用するのが一般的でしたが、国土交通大臣認定工法による区画貫通も認められています。電線管の区画貫通処理は、多くのメーカーから多用な処理剤が販売されています。

　区画貫通処理部分には、認定工法で施工したことを示すシールを貼ります。また、天井裏など隠ぺい部になる場所は、写真を撮影し保管しなければなりません。

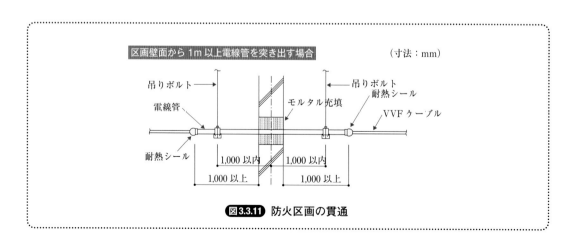

図3.3.11 防火区画の貫通

3.4 金属線ぴ工事

 金属線ぴ工事とは

金属線ぴ工事には、一種金属線ぴ工事と二種金属線ぴ工事とがあります。

- ✓ 一種金属線ぴ工事：使用する金属線ぴは「メタルモール」
- ✓ 二種金属線ぴ工事：使用する金属線ぴは「レースウェイ」

電線には、絶縁電線が使用されます。使用電圧は300V以下で、屋内の外傷を受ける恐れがなく、乾燥した露出場所および点検できる隠ぺい場所で施設します。金属線ぴ、ボックスや付属品は、電気用品安全法の適用を受けたもの、または黄銅もしくは銅で堅ろうに製作され、内面を滑らかにしたもので、線ぴ幅が50mm以下、材料の厚さが0.5mm以上のものと定められています。線ぴ幅が50mmを超えるものを使用する場合は、金属ダクト工事として取り扱われるので注意しましょう。

【関連規定】電技解釈：第161条［金属線ぴ工事］｜内線規程：3125節［金属線ぴ配線］

3.4.1 一種金属線ぴ工事

▶**構成部品**

金属線ぴ工事の構成部品は、**図3.4.1**のようになります。線ぴ本体の長さは1,800mm、取付穴のピッチは150mmです。

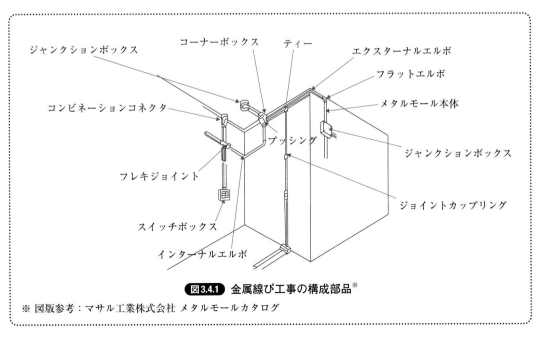

図3.4.1 金属線ぴ工事の構成部品※

※ 図版参考：マサル工業株式会社 メタルモールカタログ

表3.4.1 電線収容本数

電線\本体	IV単線		IVより線	
	1.6 mm	2.0 mm	5.5 mm²	8 mm²
A型本体（断面積200mm²）	4	3	2	—
B型本体（断面積580mm²）	10	10	5	4

▶施工手順

（主な使用工具）

- ・チョークライン
- ・下げ振り
- ・ハクソー
- ・小甲丸ヤスリ
- ・ドライバ
- ・振動ドリル
- ・金属切断機
- ・補修ペイント

1 線ぴを接続します。線ぴ相互およびボックスその他の付属品との接続は、機械的、電気的に完全に接続しなければなりません。従って使用材料は、同一メーカーのもの、または互換性のあるものを選びます。

2 取り付け作業は、施工図を元に墨出し作業から始めます。電源、スイッチ、コンセントなどの位置やルートを決め、ジャンクションボックスの数も決定します。

3 線ぴは、造営材（天井、梁、柱、壁など）に沿って施設し、木ねじなどで支持固定します。また、コンクリートなどの建物には、振動ドリルなどを使用してコンクリートに穴を開けカールプラグなどを挿入して木ねじで固定します。

4 線ぴ相互接続にはカップリングを用い、屈折箇所には適合するエルボを用いて施設します。また、線ぴを切断加工する場合には、ハクソーまたは金属切断機を使用して、切断面はヤスリなどで面取りを確実に行い電線に傷が付かないように注意します。

5 貫通箇所の作業を行います。線ぴが天井または間仕切りなどを貫通する場合は、貫通部分の内部で線ぴを接続してはいけません。

6 他の配線との接続をします。線ぴに電源を接続する場合には、金属管、合成樹脂管工事または、ケーブル工事などにより行います。

7 通線をします。ベース部分に電線を収めた後、カバーを取り付けます。線ぴ内で電線を接続してはいけません（接続はボックス内で行います）。収納する電線は10本以下とします。

8 線ぴには、D種接地工事を施します。ただし、以下のいずれかに該当する場合は省略できます。

✓線ぴの全長が4 m以下のもの

✓使用電圧が直流300 V以下／交流150 V以下かつ長さ8 m以下で簡易接触防護措置を施すとき、または乾燥した場所に施設するとき

ビスでメタルモールおよび
付属品に固定する

図3.4.2 接地用の導体※

※ 図版参考：マサル工業株式会社 メタルモールカタログ

3.4.2 二種金属線ぴ工事

▶構成部品

　構成部品は、本体・ふたと吊りボルト・ボックス・付属品からなります。線ぴの選定では、電線の収納本数、照明器具の取付台数や重量、増設のための予備スペースも考慮して決定します。

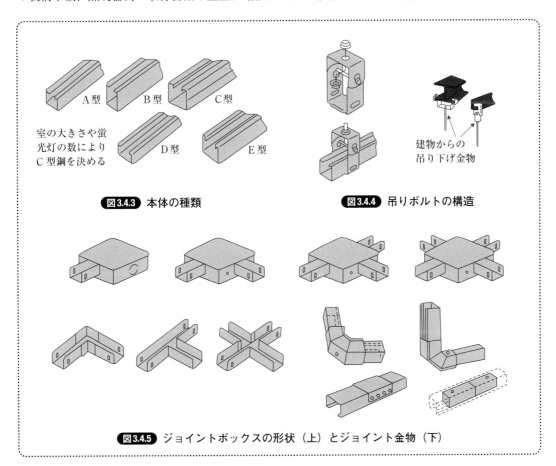

A型　B型　C型

室の大きさや蛍
光灯の数により
C型鋼を決める

D型　E型

図3.4.3 本体の種類

建物からの
吊り下げ金物

図3.4.4 吊りボルトの構造

図3.4.5 ジョイントボックスの形状（上）とジョイント金物（下）

▶施工手順

1 線ぴの接続を行います。線ぴ相互およびボックス、その他の付属品とは堅ろうに、かつ、電気的に完全に接続しましょう。

2 一種金属線ぴと同様に、造営材に沿って施設されることもありますが、主に吊りボルトによる空間支持の方法が多いです。支持間隔は、1.5 m以下が望ましいとされています。照明器具の重量、曲がりの箇所など、必要に応じて線ぴの支持を行います。

3 切断加工は、ハクソー、切断機などを使用します。切断面はヤスリなどで面取りを行い、電線類に傷が付かないようにします。線ぴ開口部の方向について、一般的に照明器具を取り付ける場合には下向き、コンセントボックスの取り付けなどの配線には上向きとして、使用目的により使い分けます。

4 振れ止めは、吊りボルトが長い場合、また線ぴの直線部の長い場合に行います。金物、ボルト、ワイヤロープなどを用います。

5 貫通および他の配線との接続を行います。手順は、一種線ぴと同じです。

6 通線をします。収納電線本数は、電線の被覆絶縁物を含む断面積の総和が、線ぴの内面断面積の20％以下とします。配線は、本体に収め、開口部を下向きに施工した場合、電線保治具などを用い、電線の垂れ下がりを防止します。電線を分岐する場合に限り、線ぴ内で電線の接続ができます。ただし、この場合は接続点を容易に点検できるようにしてください。その他の接続はボックス内、または照明器具内で行います。

6 接地は一種金属線ぴ工事に準じた形で行いますが、線ぴ内で電線を分岐接続した場合は、D種接地工事を行います。

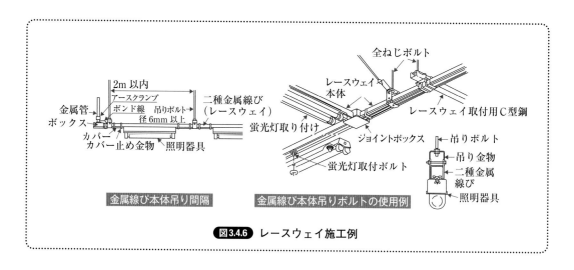

図3.4.6 レースウェイ施工例

3.5 金属可とう電線管工事

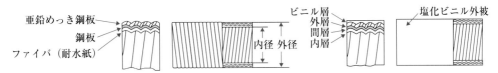

金属可とう電線管工事とは

金属可とう電線管は、亜鉛めっきを施した帯鋼、帯鋼、ファイバ（耐水紙）を三重に重ね合わせた可とう電線管で、通称では「プリカチューブ」と呼ばれています。標準のものと、外面に塩化ビニル被覆を被った通称「防水プリカチューブ」の2種類があります。

亜鉛めっき鋼板
鋼板
ファイバ（耐水紙）
内径 外径
ビニル層
外層
間層
内層
塩化ビニル外被

図3.5.1 金属可とう電線管（プリカチューブ）の構造（左が標準、右が防水）

【関連規定】電技解釈：第160条［金属可とう電線管工事］｜内線規程：3120節［金属製可とう電線管配線］

3.5.1 施工方法

▶使用電線

絶縁電線（屋外用ビニル絶縁電線を除く）を用いることと、より線、または直径3.2 mm（アルミ線では4 mm）以下の単線を使用することが定められています。

▶使用場所

低圧屋内配線の場合はすべての場所に使用でき、コンクリート埋設配管にも使用することができます。

▶接地

使用電圧が300 V以下の場合は、金属可とう電線管と使用する付属品に、D種接地工事を施す必要があります（ただし、4 m未満の場合は必要なし）。また、使用電圧が300 Vを超える場合は、C種接地工事を施す必要があります（**図3.5.2**）。ただし、人が触れる恐れのないように施設する場合は、D種接地工事とすることができます。

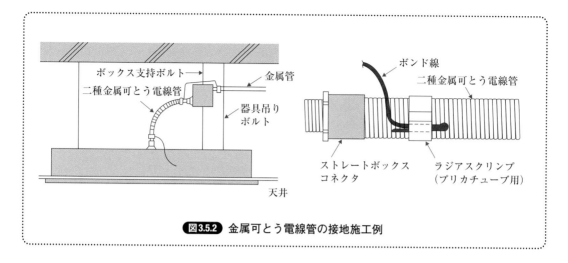

図3.5.2 金属可とう電線管の接地施工例

▶施工手順

1 管の切断には、プリカチューブを切断するにはハクソー、またはプリカチューブ切断工具（プリカナイフ）を使用します。

2 管と付属品との接続方法は、標準タイプと防水タイプとで若干異なります。メーカーごとの取扱説明書を確認してから施工しましょう。一般的には、まず切断した管の切り口の内面を、甲丸型ヤスリなどを用いて突起物を取り除きます。

3 プリカチューブ本体に、付属品（コネクタ）を直角にやや強く押し付けながら右回りに回転させて、コネクタの端部に本体管口が当るまでねじ込みます。

図3.5.3 ハクソーでの切断

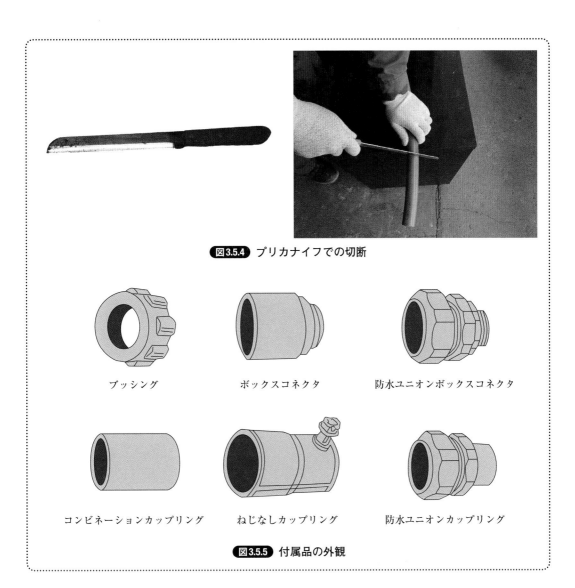

図3.5.4 プリカナイフでの切断

ブッシング

ボックスコネクタ

防水ユニオンボックスコネクタ

コンビネーションカップリング

ねじなしカップリング

防水ユニオンカップリング

図3.5.5 付属品の外観

3.5.2 金属可とう電線管のサイズ選定

　同じ太さの絶縁電線を同一管内に収める場合、二種金属可とう電線管の太さは以下のように規定されています。

　✓ 管内に収める絶縁電線の本数が10本以下の場合は、**表3.5.1**による
　✓ 管内に収める絶縁電線の本数が10本を超える場合は、**表3.5.2**による

　また、管の屈曲が少なく容易に電線の引き入れや引き替えができるケースでは、上記の規定にかかわらず、電線の太さが断面積8 mm^{2}以下の場合は**表3.5.3**の規定によります。その他の場合は金属管の規定と同様によるもの、および**表3.5.4**により電線の被覆絶縁物を含む断面積の総和が管の内断面積の48%以下として電線本数を決めることができます。

表3.5.1 二種金属可とう電線管の太さの選定※

電線太さ		電線本数									
単線〔mm〕	より線〔mm²〕	1	2	3	4	5	6	7	8	9	10
		二種金属製可とう電線管の最小太さ（管の呼び方）									
1.6		10	15	15	17	24	24	24	24	30	30
2.0		10	17	17	24	24	24	24	30	30	30
2.6	5.5	10	17	24	24	24	30	30	30	38	38
3.2	8	10	24	24	24	30	30	38	38	38	38
	14	15	24	24	30	38	38	38	50	50	50
	22	17	30	30	38	38	50	50	50	50	63
	38	24	38	38	50	50	63	63	63	63	76
	60	24	50	50	63	63	63	76	76	76	83
	100	30	50	63	63	76	76	83	101	101	101
	150	38	63	76	76	101	101	101			
	200	38	76	76	101	101	101				
	250	50	76	83	101	101					
	325	50	101	101							

★ 電線1本に対する数字は、接地線および直流回路の電線にも適用する
★ 表の数値は、実験と経験に基づき決定したもの

表3.5.2 最大電線本数※（10本を超える電線を収める場合）

電線太さ		二種金属製可とう電線管の太さと最大電線本数			
単線〔mm〕	より線〔mm²〕	30	38	50	63
1.6		13	21	37	61
2.0			17	30	49
2.6	5.5		14	25	41
3.2	8			18	29

表3.5.3 管の屈曲が少なく、容易に電線引き入れおよび引き替えができる場合の最大電線本数

電線太さ		二種金属製可とう電線管の太さと最大電線本数		
単線〔mm〕	より線〔mm²〕	15	17	24
1.6		4	6	13
2.0		3	5	10
2.6	5.5	3	4	8
3.2	8	2	3	6

※ 引用・参考文献:『内線規程（JEAC 8001-2016)』P.293-294, 3120-4条, 3120-1表、3120-2表、3120-3表［一般社団法人 日本電気協会］

表3.5.4 二種金属可とう電線管の内断面積の32%および48%※

※ 引用・参考文献：『内線規程（JEAC 8001-2016）』P.295，3120-4条，3120-4表［一般社団法人 日本電気協会］

電線管の太さ（管の呼び方）	内断面積の32%〔mm²〕	内断面積の48%〔mm²〕
10	21	31
12	32	48
15	49	74
17	69	103
24	142	213
30	215	323
38	345	518
50	605	908
63	984	1476
76	1450	2176
83	1648	2472
101	2522	3783

▶金属可とう電線管の支持点間隔

表3.5.5に基づき、管を固定します。工事上やむを得ない場合は、転がし配管でも構いません。

表3.5.5 支持点間の距離※

※ 引用・参考文献：『内線規程（JEAC 8001-2016）』P.296，3120-7条，3120-5表［一般社団法人 日本電気協会］

施設の区分	支持点間の距離〔m〕
造営材の側面または下面において水平方向に施設するもの	1以下
接触防護措置を施していないもの	1以下
金属製可とう電線管相互および金属製可とう電線管とボックス、器具との接続箇所	接続箇所から0.3以下
その他のもの	2以下

3.6 ケーブル工事

ケーブル工事とは

ケーブル工事は、金属管工事と同様に、屋内ではいずれにも施設できるように規定されている工事方法です。ここでは、低圧屋内配線工事について解説します。

【関連規定】電技解釈：第164条［ケーブル工事］｜内線規程：3165節［ビニール外装ケーブル配線，クロロプレン外装ケーブル配線又はポリエチレン外装ケーブル配線］、3175節［コンクリート直埋用ケーブル配線］、3180節［鉛被又はアルミ被のあるケーブル配線］、3185節［キャブタイヤケーブル配線］、3190節［MIケーブル配線］

3.6.1 各種ケーブルの使用上の注意事項

ケーブル工事では、ケーブルを使用する場合とキャブタイヤケーブルを使用する場合があります。電技解釈第9条には各種のケーブルの規格などが定められていますが、ケーブル工事では、その施設場所に応じて適当なケーブルを選ぶことが重要です。

例えば腐食性ガスなどのある場所にはガス性質に応じて耐食性を有する鉛被ケーブル、ビニル外装ケーブル、またはポリエチレン外装ケーブルを使用します。可燃性の物質のある場所には、電技解釈第176条に明記されている同第120条第6項の規定に適合する外装を有するケーブルを使用します。このように、施設する場所や条件に応じて、適当なケーブルを選んで使用します。

また、キャブタイヤケーブルは本来、移動用電線として使用することを目的として作られたケーブルですが、一般の配線として使用する場合も多く、ケーブルと同等程度の性能を有するものと考えられています。1種、2種および3種キャブタイヤケーブル、ビニルキャブタイヤケーブルを使用する配線工事については、電線の種類によって使用電圧と施設場所の制限がそれぞれ規定されています。

3.6.2 ケーブルの種類と特徴

電技解釈ではケーブルについて、特殊用途のものを含めて15種類の規格を定めています。通常使用される低圧ケーブルには、次のものがあります。

▶ **ビニル外装ケーブル**

✓ VVFケーブル（ビニル絶縁ビニルシース平形ケーブル）

✓ VVRケーブル（ビニル絶縁ビニルシース丸形ケーブル）

✓ CVケーブル（架橋ポリエチレン絶縁ビニ

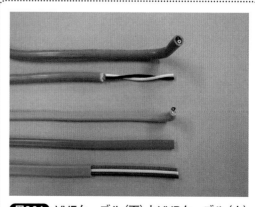

図3.6.1 VVFケーブル（下）とVVRケーブル（上）

ルシースケーブル）

VVFケーブルとVVRケーブルは、一般住宅のほとんどの屋内配線またはビルなどの照明設備、コンセント設備などの配線に使用されます。また、CVケーブルは、ビルなどの電源用の配線または幹線設備などの配線に使用されます。

▶キャブタイヤケーブル（ゴム系１～３種、ビニル系）

キャブタイヤケーブルは、工場や工事現場など、常に屈曲を繰り返すような場所で使える移動用ケーブルとして開発されました。工場によくある、固定した電気使用機械器具などの短小な配線には、可とう性のよいキャブタイヤケーブルを使用した方がよい場合があります。ただし、このような使い方をする場合には、電技解釈によって使用する電圧や施設場所が制限されていますので、注意しましょう。

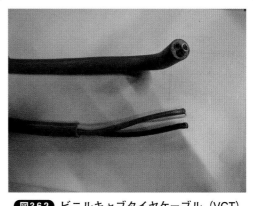

図3.6.2 ビニルキャブタイヤケーブル（VCT）

▶耐火ケーブル

ケーブルが火災にさらされて電源供給が遮断されると、スプリンクラーなどの消火設備、警報設備の消防用防災設備による適切な避難誘導・消火活動ができなくなってしまい、人命への影響が避けられません。耐火ケーブル（FP・FP-C）は、こういった事態を避けるべく開発された耐火性能を備えた電力ケーブルで、極めて重要な設備に使用します。

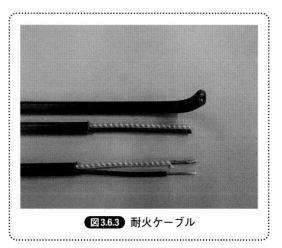

図3.6.3 耐火ケーブル

3.6.3 施工例

施工においては、ケーブル自体が導体間を絶縁した構造であり、絶縁体に損傷を与えられ絶縁が破壊すると地絡事故または線間の短絡事故を発生させる恐れがあるため、特に注意が必要です。従って、電技解釈第164条にある「重量物の圧力または著しい機械的衝撃を受ける恐れがある箇所に施設する電線には、適当な防護装置を設けること」の規定を十分考慮して施工します。

1 ケーブルは、支持材類を用いて、造営材に沿わせて、その側面または下面に堅ろうに取り付けて、配線します（**図3.6.4**、**図3.6.5**）。

2 造営材に沿わせないで配線する場合は、板や角材を渡してこれにサドルなどで取り付けるか、あるいはケーブラックまたはメッセンジャワイヤをちょう架します。

3 ケーブルをサドルまたはステップルの類を用いて支持する場合、支持点間の距離はケーブルの太さによって異なりますが、**図3.6.6**、**図3.6.7**によるものが標準とされています。

図3.6.4 二重天井内配線（スラブからの吊り金物を使用）

図3.6.5 二重天井内配線（壁にフック取り付け）

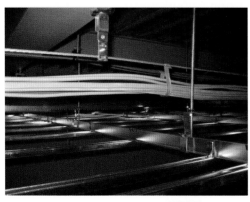 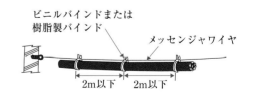

図3.6.6 メッセンジャワイヤ使用例

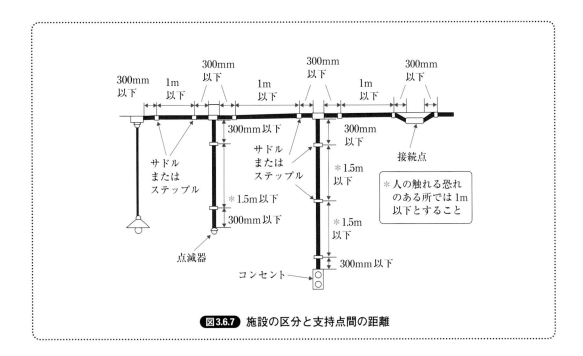

図3.6.7 施設の区分と支持点間の距離

④ 一般の屋内配線工事においてケーブルを多数施設する場合には、一般的にケーブルラックを使用します。ケーブルの支持点間の距離は、垂直部では2m以下、キャブタイヤケーブルでは1m以下とし、その被覆を損傷させないように取り付けます。また、人が容易に触れる恐れがない場所で垂直に取り付ける場合には、6m以下とします。

⑤ 立ち上がりのダクトおよびケーブルラック支持は、重量支持に注意します。ケーブル支持は、重量を1カ所の子桁に集中しないように分散して支持します。

⑥ ケーブルが衝撃を受ける恐れのある箇所には、金属管、合成樹脂管などに収めるなど適当な防護措置が必要です。また、隠ぺい場所でケーブルに張力が加わらないような場合には、ケーブルを固定せず、転がし配線としても差し支えありません。

⑦ 天井内やOAフロア内のケーブル配線は、強電ケーブルと弱電ケーブルとの離隔を確保し、極端な曲げ（外径の6倍以上確保）やよじれを作らないように施工します。

⑧ 太物のケーブル配線時は、延線計画書等を作成し配線時にかかるリスクを踏まえて、作業中の身体防護に努めて施工します。

3.6.4 絶縁被覆のはぎ取り方法

ここでは電工ナイフで、外装に割れ目を入れる方法と縦割りする方法を解説します。なお、電工ナイフ使用時は、切創防止用手袋を必ず装着するようにしましょう。

▶割れ目を入れる方法

1 ケーブルのくせを直し、はぎ取り部位をできるだけ真っ直ぐにします。

2 ケーブルを左手に、ナイフを右手に持ちます（右利きの場合）。

3 外装に切れ目を入れます。内側の絶縁電線被覆に傷を付けないように注意します。

4 外装に割れ目を入れます。刃先を外さないように注意します。

5 ナイフを置いて外装をはぎ取ります。はぎ取りづらいときは、ペンチで挟んで引きます。

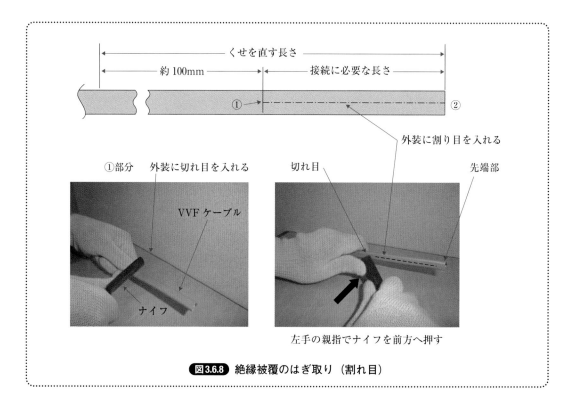

くせを直す長さ

約100mm　　　接続に必要な長さ

① ②

外装に割り目を入れる

①部分　外装に切れ目を入れる　切れ目　先端部

VVFケーブル

ナイフ

左手の親指でナイフを前方へ押す

図3.6.8 絶縁被覆のはぎ取り（割れ目）

▶縦割りにする方法

1 ケーブルのくせを直し、はぎ取り部位をできるだけ真っ直ぐにします。

2 ケーブルを左手に、ナイフを右手に持ちます（右利きの場合）。

3 外装に切れ目を入れます。内側の絶縁電線被覆に傷を付けないように注意します。

4 外装を縦割りします。あまり離れた箇所を握っているとケーブルが曲がり危険ですので注意しましょう。

5 ナイフを置いて外装をはぎ取ります。

▶CVケーブル・VVRケーブルの終端処理

CVケーブルやVVRケーブルの場合、ビニル外装被覆のはぎ取りはVVFケーブル同様ですが、内部に緩衝材が入っているため、その処理が必要になります。緩衝材はすべてナイフなどで取り除き、端末をビニルテープで処理します。

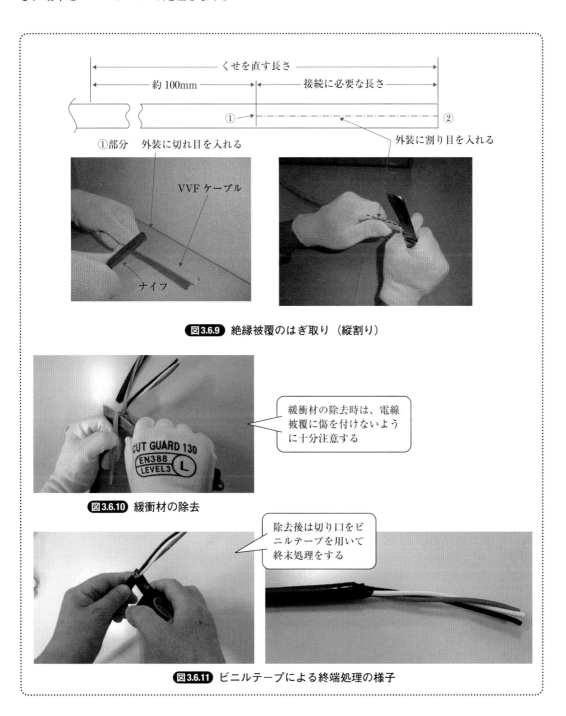

図3.6.9 絶縁被覆のはぎ取り（縦割り）

緩衝材の除去時は、電線被覆に傷を付けないように十分注意する

図3.6.10 緩衝材の除去

除去後は切り口をビニルテープを用いて終末処理をする

図3.6.11 ビニルテープによる終端処理の様子

3.7 ケーブルラック工事

💡 **ケーブルラック工事とは**

大規模オフィスビルや大型ショッピングセンター、工場、電気室などの電気設備の幹線工事は、ケーブルラックによるケーブル配線工事が多く採用されています。幹線工事は、ひと昔前まで金属管工事、金属ダクト工事で施工されていましたが、ケーブルラックは金属ダクトと比較して軽量で材質や付属品の種類も豊富です。また、加工などの取り扱いが容易で多段に取り付けることもできるため、現在ではケーブルラックを支持材としたケーブル配線工事が主流となっています。ケーブルラックは電路であり、ケーブルラックそのものについては電技解釈に規定された条項は特になく、内線規程3165節2条5項、3165節8条に示されている程度です。

3.7.1 ケーブルラックの種類

ケーブルラックの種類は、形状、材質により区別されています。

▶形状

形状は、はしご型、パンチング型、メッシュ型に大別されます。

(はしご型)

親桁に子桁を一定の間隔で取り付けて組み合わせ、はしご状に堅固に製作したものです。ケーブルラックの主流です。

(パンチング型)

パンチング穴を開けた平鋼をコの字にして製作したものです。下面からケーブルが見えずらい一方で、弱電ケーブルや通信ケーブルなどの柔軟なケーブルでもたわむ恐れがない特徴があります。

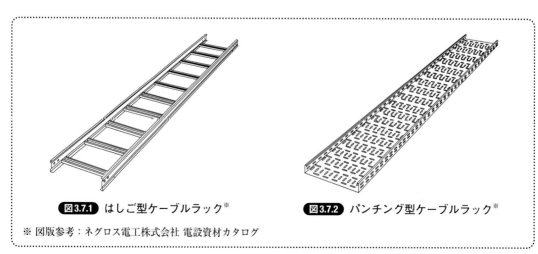

図3.7.1 はしご型ケーブルラック※   **図3.7.2** パンチング型ケーブルラック※

※ 図版参考：ネグロス電工株式会社 電設資材カタログ

　軽量であり、加工が特に容易なのが特徴
です。バックヤードや床下など、意匠的な
制約がない場所で使用されます。

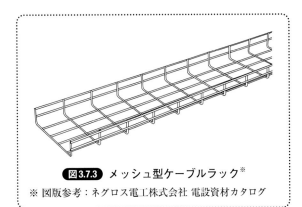

図3.7.3 メッシュ型ケーブルラック※

※ 図版参考：ネグロス電工株式会社 電設資材カタログ

▶材質

　ケーブルラックの材質は多種であり、さまざまな製品があります。使用する場所、敷設するケーブルの総荷重、ケーブル延線時の張力に耐え得る強度を十分考慮して、選定します。以下に代表的な材質を紹介します。

- ✓ 鋼製（無塗装、メラミン樹脂焼付塗装、溶融亜鉛めっき仕上げ、エポキシ樹脂電着塗装、粉体塗装）
- ✓ 高耐食性めっき鋼板
- ✓ ステンレス鋼製
- ✓ アルミニウム合金製
- ✓ 樹脂製（ノリル樹脂製、塩化ビニル樹脂製、FRP製）

▶構成部材と付属品

　ここでは、ケーブルラックの主流であるはしご型の代表的な主要部材（本体）、付属品、支持材を紹介します。製造メーカーのカタログや資料などをしっかり把握して部材の選定、適正な使用を行うことで、作業効率と施工品質の向上を図ることができます。

　ベンドラックは、曲がり部分に用いられるラックで、水平、垂直、分岐があります。

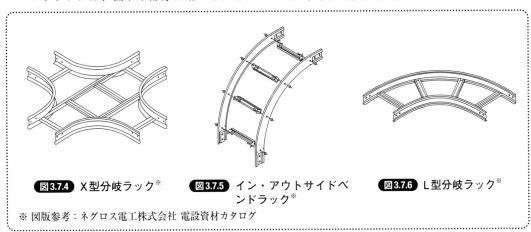

図3.7.4 X型分岐ラック※　　**図3.7.5** イン・アウトサイドベンドラック※　　**図3.7.6** L型分岐ラック※

※ 図版参考：ネグロス電工株式会社 電設資材カタログ

　上下継ぎ金具は、上下方向に高さ（レベル）を変えることができます。水平自在金具は、水平方向にケーブルラックを振ることができます。

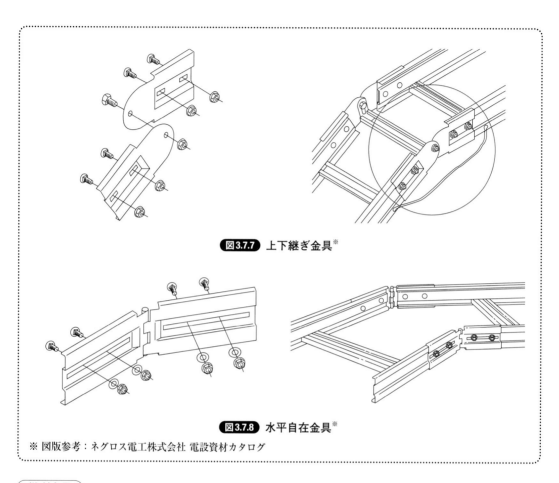

図3.7.7 上下継ぎ金具※

図3.7.8 水平自在金具※

※ 図版参考：ネグロス電工株式会社 電設資材カタログ

継ぎ金具

　ケーブルラック相互やベンドラックとの接続で使用します。コストを考えながら耐震性能を確保するための継ぎ金具を選定します。

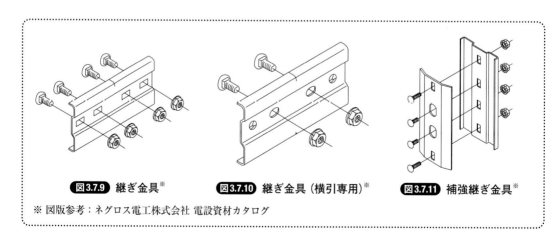

図3.7.9 継ぎ金具※　　**図3.7.10** 継ぎ金具（横引専用）※　　**図3.7.11** 補強継ぎ金具※

※ 図版参考：ネグロス電工株式会社 電設資材カタログ

セパレータ

セパレータは、高圧ケーブル、低圧ケーブル、制御ケーブル、弱電ケーブルなどを同一ケーブルラック上に敷設する場合の隔壁として施設します。セパレータ相互のボンドアース接続も必要になります。

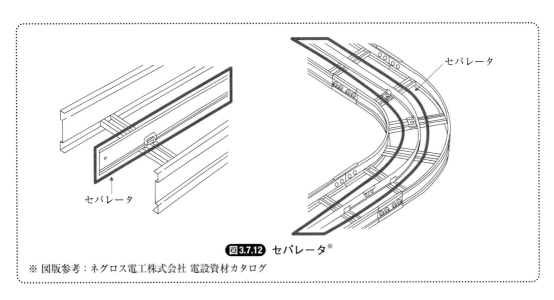

図3.7.12 セパレータ※

※ 図版参考：ネグロス電工株式会社 電設資材カタログ

支持金具

ダクタ（C型鋼）、L型アングル、溝型鋼にケーブルラックを固定、支持する金具です。ラック本体を支持する部材によってさまざまな種類があり、水平、垂直用の選定にも注意が必要です。

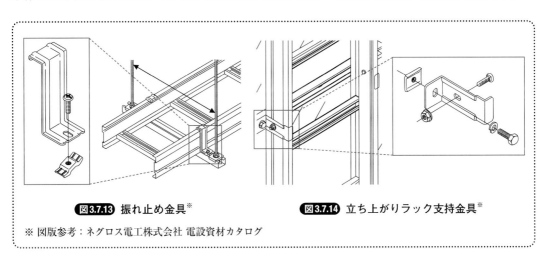

図3.7.13 振れ止め金具※　　　**図3.7.14** 立ち上がりラック支持金具※

※ 図版参考：ネグロス電工株式会社 電設資材カタログ

3.7.2 ケーブルラックの選定

ケーブルラックの選定を行う際は、施設場所（乾燥した場所なのか、水気のある場所なのか）、幅と高さ、敷設するケーブルサイズ、本数、将来用スペース、荷重、ケーブルの許容曲げ半径（**表3.7.1**）を考慮します。

表3.7.1 ケーブル最小曲げ半径（ケーブルの仕上がり外形が1倍の場合）

遮へい銅テープ	トリプレックス3心		単心ケーブル	
	なし	あり	なし	あり
低圧ケーブル	6倍以上	8倍以上	8倍以上	10倍以上
高圧ケーブル		8倍以上		10倍以上

3.7.3 ケーブルラックの水平敷設

図3.7.15ようなケーブルラックの水平敷設について、手順を示します。

1 インサートの取り付け：ケーブルラックの支持は、天井コンクリートスラブで行うのが一般的です。インサートの取り付けは、施工図の寸法（ラック幅に対して両側65 mm〜70 mm程度広くするのが望ましい）で墨出しを行い、床コンクリート打設前にスラブ型枠やデッキプレートにドリルで穴開けを行い、取り付けます。

2 壁貫通枠の取り付け（壁開口）：ケーブルラックが壁や床を貫通する場合は、貫通部を設けるために躯体壁には貫通枠を取り付けます。軽量間仕切り壁の場合は、建築業者と打ち合わせを行い、墨出しをして間柱を避けて補強をしてもらい開口部を設けます。

3 吊りボルトの取り付けと支持金物加工：吊りボルトは、主に3分（9 mm）と4分（12 mm）が使用されます。支持の間隔は、鋼製ラックでは2 m以下、アルミ製ラックでは1.5 m以下とされていますが、上下、左右、曲がりの箇所には、さらに別途支持を行います。

支持金物（ダクタ（C型鋼）、L型アングル、溝型鋼）の加工は、吊りボルトの間隔を測り、70 mm以上足した寸

図3.7.15 ケーブルラックの水平施設

図3.7.16 インサートの取り付け

図3.7.17 壁貫通枠の取り付け

法で切断します。穴開けを行う場合は、測定した吊りボルトの間隔で墨を出して加工すると、吊りボルトを垂直に降ろすことができます。

4 **支持金物・耐震架台の取り付けとレベル調整**：施工図に記載されている高さ（レベル）を確認し、図3.7.19の詳細図に従い、加工した支持金物をナット、スプリングワッシャ、ワッシャで仮固定して、レベル調整後に堅固にナットを締め付けて固定します。同様に耐震架台の取り付けも行います。

5 **ケーブルラック加工**：施工図上で指示されている箇所で上下左右に振るために、切断と穴開けが必要になります。切断した部分は、サビの発生を抑えるために補修塗料で処理します。穴開けは、継ぎ金具などの寸法で専用工具を使って行います。ドリルなどで穴開けを行う場合は、電気的接続が不完全になる恐れがあるので注意が必要です。

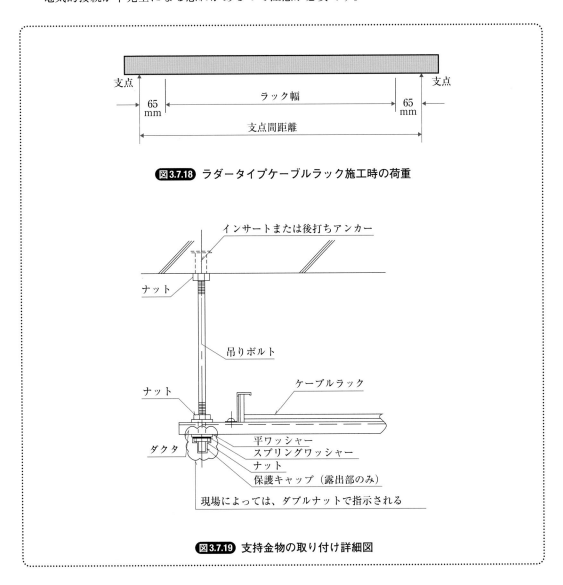

図3.7.18 ラダータイプケーブルラック施工時の荷重

図3.7.19 支持金物の取り付け詳細図

6 **ケーブルラック敷設とボンドアース工事**：ケーブルラックを **4** で取り付けた支持金物、耐震架台に乗せて、振れ止め金具で固定していきます。施工図の寸法で、左右に振る箇所や曲げる箇所では、床上で仮に墨出しを行い、寸法を測定して加工します。ボンドアースが必要な金具を使用した際は、都度ボンドアースの接続を行って手戻りのないように工事を進めます。

7 **余長ボルトの切断**：高さ、上下左右、曲がりの位置が施工図と相違がないかを確認して、ボルトの余長を切断します。切断部は、サビの発生を抑えるために補修塗料で防サビ処理します。近年では、階高が高いために構造体と緊結された鉄骨や、鋼材によって製作した、建築・電気・空調・衛生・消火、各設備供用の骨組み（ブドウ棚）から吊りボルトを降ろすこともあります。そのような現場では、**1** のインサートの取り付け工程は不要になります。

図3.7.20 ケーブルラック加工の様子

図3.7.21 ボンドアース工事の様子

図3.7.22 余長ボルトの切断

3.7.4 ケーブルラックの垂直敷設

以下のようなケーブルラックの垂直敷設について、その手順を示します。

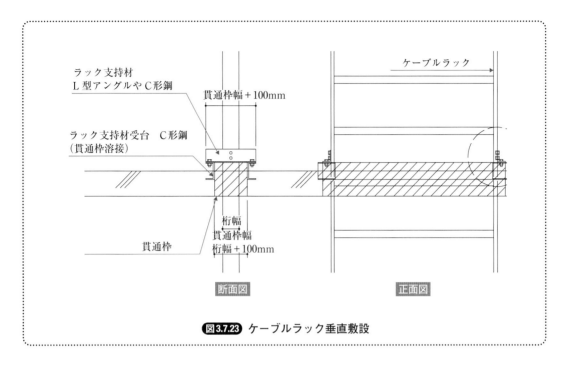

図3.7.23 ケーブルラック垂直敷設

1. **床貫通枠の取り付け**：床貫通枠は主に鋼製で、後の工程で支持金物が取り付けられるように現場ごとに製作した貫通枠が使用されています。施工図の寸法により墨出しを行い、コンクリート打設前に、型枠には釘を使用して、デッキスラブでは鉄板ビスなどを使用して取り付けることで、床にケーブルラックを貫通させる開口部を設けます。

　デッキスラブの場合は、コンクリートが硬化する養生期間後にデッキを切断する必要があります。あらかじめ貫通枠の周囲にインサートを打設すると、デッキの脱落防止になります。

図3.7.24 床貫通枠の取り付け

図3.7.25 インサートの打設

2 **支持金物の取り付け**：ケーブルラックに敷設するケーブルの重量（ケーブルラック自体の重量）は、主に床で支持をします。数フロアを貫通するケーブルラックは、各階の床に鋼材を取り付け、鋼材と垂直支持金具をボルトとナットで仮固定します。

3 **ケーブルラック加工**：仮固定をした垂直支持金物間、またはケーブルラック端部からの寸法を測定します。測定した寸法で墨出しを行い、ケーブルラックの親桁に穴を開けます。

4 **ケーブルラックの取り付け**：垂直支持金物に付属されているボルトとナットで、ケーブルラック本体と垂直支持金物を既定のトルク値で確実に締め付けます。

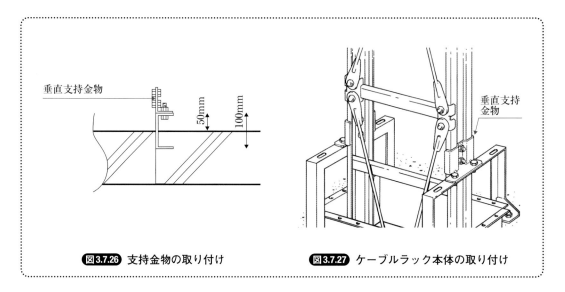

図3.7.26 支持金物の取り付け　　　　図3.7.27 ケーブルラック本体の取り付け

3.7.5 ケーブルラックの接地

　ケーブルラックの接地は、敷設するケーブルの使用電圧により行います。内線規程3165節に記載があるように、原則として使用電圧が300 V以下の場合はD種接地工事、使用電圧が300 Vを超える場合はC種接地工事を施さなくてはなりません。また、高圧または特別高圧のものは、A種接地工事となります。

3.7.6 ケーブルラックの耐震施工

　『建築設備耐震設計・施工指針』では、2011年3月に発生した東北地方太平洋沖地震の被害を踏まえ、2014年度版改訂において、配管類の耐震支持方法が見直されました。ケーブルラックについても、耐震クラスの対応が規定されています。

表3.7.2 耐震支持の適用※

※ 引用・参考文献：『建築設備耐震設計・施工指針 2014年版』指針表6.2.1［一般財団法人 日本建築センター］

設置場所	配管		ダクト	電気配線（金属管・金属ダクト・バスダクトなど）	ケーブルラック
	設置間隔	種類			
耐震クラスA・B対応					
上層階、屋上、塔屋	配管の標準支持間隔の3倍以内（ただし、銅管の場合には4倍以内）に1カ所設けるものとする	A種	ダクトの支持間隔12m以内に1カ所A種を設ける	電気配線の支持間隔12m以内に1カ所A種を設ける	ケーブルラックの支持間隔8m以内に1カ所A種またはB種を設ける
中間階		A種	ダクトの支持間隔12m以内に1カ所B種を設ける	電気配線の支持間隔12m以内に1カ所B種を設ける	ケーブルラックの支持間隔12m以内に1カ所A種またはB種を設ける
地階、1階		125A以上はA種 125A未満はB種			
耐震クラスS対応					
上層階、屋上、塔屋	配管の標準支持間隔の3倍以内（ただし、銅管の場合には4倍以内）に1カ所設けるものとする	SA種	ダクトの支持間隔12m以内に1カ所SA種を設ける	電気配線の支持間隔12m以内に1カ所SA種を設ける	ケーブルラックの支持間隔6m以内に1カ所SA種を設ける
中間階		SA種	ダクトの支持間隔12m以内に1カ所SA種またはA種を設ける	電気配線の支持間隔12m以内に1カ所SA種またはA種を設ける	ケーブルラックの支持間隔8m以内に1カ所SA種またはA種を設ける
地階、1階		A種			
ただし、以下のいずれかに該当する場合は上記の適用を除外する					
	（ⅰ）40A以下の配管（銅管の場合には20A以下の配管）ただし、適切な耐震措置を行うこと（ⅱ）吊り長さが平均20cm以下の配管		（ⅰ）周長1.0m以下のダクト（ⅱ）吊り長さが平均20cm以下のダクト	（ⅰ）Φ82以下の単独配管（ⅱ）周長80cm以下の電気配線（ⅲ）定格電流600A以下のバスダクト（ⅳ）吊り長さが平均20cm以下の電気配線	（ⅰ）ケーブルラックの支持間隔については、別途間隔を定めることができる。（ⅱ）幅400mm未満のもの（ⅲ）吊り長さが平均20cm以下のケーブルラック

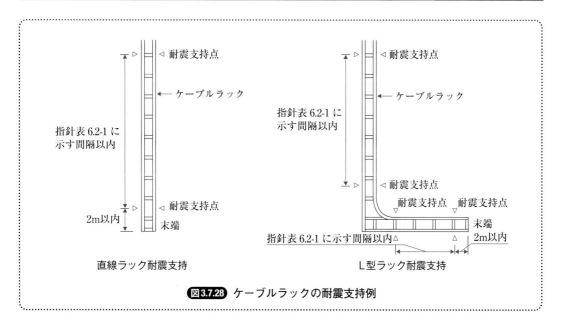

図3.7.28 ケーブルラックの耐震支持例

3.8 バスダクト工事

バスダクト工事とは

バスダクト工事には、特高幹線工事、高圧幹線工事、低圧幹線工事があります。本節では、低圧幹線バスダクト工事について解説します。低圧配電盤から大電流を通電することが可能で、中間においてバスダクト本体の分岐や配線用遮断器を収納した分岐ボックスを取り付けることで、負荷への分岐が容易に行えるというメリットがあります。大規模オフィスビル、大型ショッピングセンター、工場、電気室の配線などに広く採用されており、近年ではコンパクト型の200 A、600 Aタイプのバスダクトも製造されたため、小規模の負荷にも対応できるようになっています。

【関連規定】電技解釈：第163条［バスダクト工事］｜内線規程：3155節［バスダクト配線］

3.8.1 バスダクトの種類と形状

　バスダクトは、絶縁被膜を施した銅やアルミニウムの帯状導体、がいしなどの絶縁物により支持をした導体を、鉄やアルミニウム鋼板の金属ダクトに収納した構造となっています。

　バスダクトには屋外用、屋内用、耐火型があり、さまざまな形状が用意されています。

表3.8.1 バスダクトの種類※

※ 引用・参考文献：JIS C8364（2008）

種　類						
名　称		形　式				極　数
バスダクト	フィーダ	—	屋内用	絶縁導体 裸導体	換気形 非換気形	2 3 4
	ストレート					
	エルボ					
	オフセット					
	ティ		屋外用	絶縁導体 裸導体	換気形 非換気形	
	クロス					
	レジューサ					
	エキスパンション	耐火	屋内用	絶縁導体 裸導体	非換気形	
	タップ付					
	トランスポジション					
	プラグイン	—	屋内用	絶縁導体 裸導体	換気形 非換気形	

図3.8.1 ストレートバスダクト（絶縁バスダクト本体）※

図3.8.2 プラグインジョイナ（直線バスダクト同士をつなぐ接続部）※

図3.8.3 VLジョイナ（垂直方向に直角に曲げることができる接続部）※

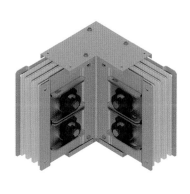

図3.8.4 HLジョイナ（水平方向に直角に曲げることができる接続部）※

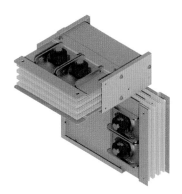

図3.8.5 HLVLユニット（水平曲げと垂直曲げを一体にしたユニット）※

図3.8.6 VZユニット（最短距離で垂直方向に寸法変更できる接続ユニット）※

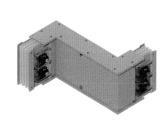

図3.8.7 HZユニット（最短距離で水平方向に寸法変更できる接続ユニット）※

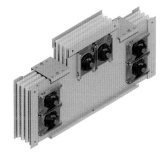

図3.8.8 VTユニット（垂直に3方向の分岐ができる接続ユニット）※

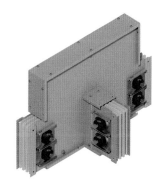

図3.8.9 HTユニット（水平に3方向の分岐ができる接続ユニット）※

※ 写真提供：共同カイテック株式会社

図3.8.10 相転換ユニット（ダクト内で相順を入れ替えることができる接続ユニット）※

図3.8.11 現場調整ユニット（現場調整が可能な接続ユニット）※

図3.8.12 レジューサジョイナ（バスダクトの回路の途中から、定格電流を低減するときに使用する接続部）※

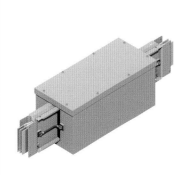

図3.8.13 Ｆ型エキスパンション（建物のエキスパンション部で使用する）※

図3.8.14 プラグイン分岐ボックス（開閉器・遮断器でケーブルを引き出し分岐する）※

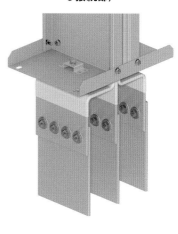

図3.8.15 端末フランジ（配電盤との接続に使用する）※

※ 写真提供：共同カイテック株式会社

3.8.2 バスダクトの接地線太さ

　バスダクト系統の接地工事は、300 V以下の場合はD種接地工事、300 Vを超える場合はC種接地工事で施工します。内線規程の資料1-3-6では、ボンド線を外傷などから保護するための配管に入れることなく使うことが可能な場合においては、以下の式で接地線（銅線）の太さを算出するとしています。

$A＝0.019I_n$

A：銅線の断面積　　I_n：過電流遮断器の定格電流

　遮断器定格5,000Aでも100mm^2（100sq）にすることが可能ですが、現場ごとにメーカーや設計

者に確認して施工します。

3.8.3 バスダクト施工上の注意

▶施工できる場所

バスダクトの施工は屋内では乾燥した露出場所、または乾燥した点検可能な隠ぺい場所に使用が認められてます。屋外用バスダクトを使用したバスダクト配線は、屋内における露出場所で、かつ湿気の多い場所、または水気のある場所では、使用電圧300V以下の場合に限ります。

屋外および屋側の露出場所、または点検可能な隠ぺい場所では、木造以外の造営物で簡易接触防護処置を施し、かつ、JIS C0920（2003）で規定されているように「電気機械器具の外郭による保護等級（IPコード）に規定する性能を持つ屋外型バスダクトを使用し、ダクト内部に水が侵入して溜まらないように敷設」であれば、300Vを超えるバスダクト配線が可能となります。

▶接続部の締め付け

バスダクトは、機械的にも電気的にも確実に接続してください。接続部の締め付け不足は、加熱の原因となるので、指定されているトルク値で締め付けを行い、ボルト確認責任者および点検者を選任すると管理しやすいでしょう。

▶支持点間距離

バスダクトの支持点間距離は、電技解釈では3m以下（取扱者以外の者が出入りできないように措置した場所において、垂直に取り付ける場合は6m）以下とし、堅ろうに取り付けることと規定されています（**図3.8.16**）。ただし、水平に敷設する際は、1.5m～2.0m前後が望ましいです。

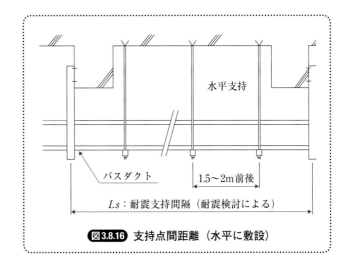

図3.8.16 支持点間距離（水平に敷設）

▶サイズ選定

吊りボルト、支持鋼材のサイズ選定は、バスダクトの本数（将来用含む）、荷重計算、耐震計算によるため、製作メーカーや設計者と協議をして承認を得ることが重要です。

▶発注上の注意事項

バスダクトは工場で製作されて、現場に納品、取り付け（組み立て）、接続が行われます。バスダクト製作メーカーに発注するにあたっては、建築構造と他の空調ダクトや機器、衛生配管などの取り合いを十分に検討して、経路の調査、測定を行ってから発注します。

▶接地

低圧屋内配線の使用電圧が300 V以下の場合は、バスダクトにD種接地工事を施します。300 Vを超える場合は、C種接地工事を施します。ただし、接触防護処置（金属製のものであって、防護処置を施すダクトと電気的に接続する恐れがあるもので防護する方法を除く）を施す場合は、D種接地工事によることができます。

▶その他

工事中は、じんあい、水、湿気が侵入しにくいように注意して、施工します。

3.8.4 施工方法

▶バスダクトの水平敷設

1 バスダクトを天井から吊る場合、コンクリートスラブの建物ではコンクリートを打設前に、施工図に従い鋼製のインサートを埋め込んでおきます。インサートや後施工アンカーの位置は、曲がりやT分岐などを考慮して1本のバスダクトに対し、2カ所の支持材が取り付けられるように配置することで、バスダクトを吊り込み接続する際に施工が容易になります。また、メーカーにもよりますが、本体の高さが400 mm以上のバスダクトには、上部にも支持材を取り付けて転倒防止をする必要があります。

2 施工図に従って水平敷設ルートと高さを考慮しながら吊りボルトを吊り下げ、支持鋼材を取り付けて、レベルと水平を確認します。耐震設計に応じた間隔で、併せて耐震支持鋼材も取り付けます。

3 吊り上げ作業は、チェーンブロックなどを用いてバスダクト本体を吊り上げます。導体を吊ることがないように留意しましょう。バスダクトの損傷を防ぐために、繊維スリング（ナイロンスリングなど）を使用するのがおすすめです。吊り上げる際は、重心に注意しバスダクトの変形がないことを確認して行います。支持材に載せた後は仮固定をし、バスダクトの落下防止をしておきます。

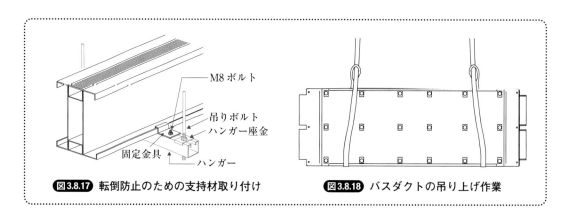

M8 ボルト
吊りボルト
ハンガー座金
固定金具
ハンガー

図3.8.17 転倒防止のための支持材取り付け

図3.8.18 バスダクトの吊り上げ作業

▶バスダクトの垂直敷設

1 垂直敷設ルートの床貫通部に、支持架台をアンカーボルトで固定します。支持架台を取り付ける際は、バスダクトが垂直になるようレベル調整を行います。数フロアを貫通するバスダクトの支持架台は、下げ振りやレーザー墨出し器などを用いて垂直に敷設できるよう調整します。支持架台は、バスダクトに対して2本以上必要になりますが、敷設する際に施工上干渉するようであれば仮固定にしておくことを推奨します（垂直支持間隔は、電技解釈で6m以下となっていますが、各階での床支持が望ましいです）。また、4mを超える場合には、その途中に振れ止め装置の取り付けを推奨しているメーカーもあります。

2 バスダクト本体に吊り治具を取り付けます。

3 上階または上部スラブに吊り鋼材を取り付け、チェーンブロックや電動ホイストを用いて一度吊り上げ垂直にし、下階に吊り降ろし、組み立てていきます。吊り上げる際は、端部の導体部分を損傷させないよう注意してください。

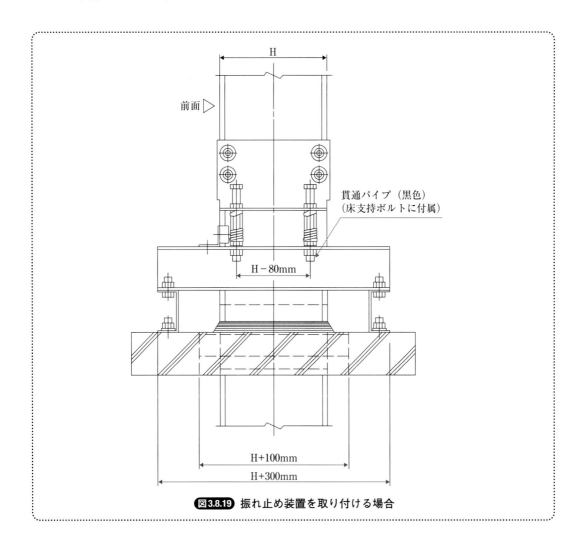

図3.8.19 振れ止め装置を取り付ける場合

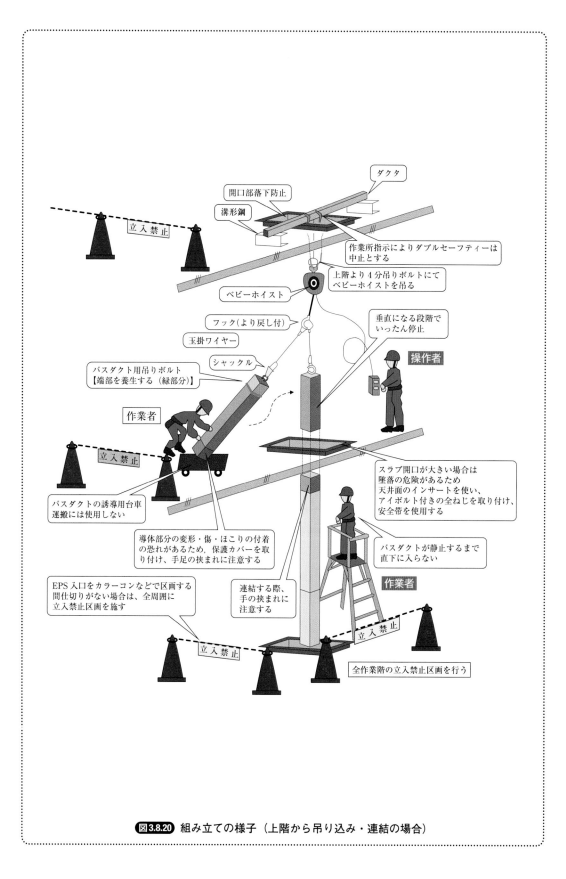

ダクタ

開口部落下防止

溝形鋼

作業所指示によりダブルセーフティーは
中止とする

ベビーホイスト

上階より4分吊りボルトにて
ベビーホイストを吊る

フック（より戻し付）

玉掛ワイヤー

垂直になる段階で
いったん停止

操作者

シャックル

バスダクト用吊りボルト
【端部を養生する（緑部分）】

作業者

スラブ開口が大きい場合は
墜落の危険があるため
天井面のインサートを使い、
アイボルト付きの全ねじを取り付け、
安全帯を使用する

バスダクトの誘導用台車
運搬には使用しない

導体部分の変形・傷・ほこりの付着
の恐れがあるため，保護カバーを取
り付け、手足の挟まれに注意する

バスダクトが静止するまで
直下に入らない

作業者

EPS入口をカラーコンなどで区画する
間仕切りがない場合は、全周囲に
立入禁止区画を施す

連結する際、
手の挟まれに
注意する

立入禁止

立入禁止

立入禁止

立入禁止

立入禁止

全作業階の立入禁止区画を行う

図3.8.20 組み立ての様子（上階から吊り込み・連結の場合）

3.8.5 バスダクトの接続

[1] 接続部に異物が侵入すると、過熱、短絡、地絡の原因になります。異物がないかを必ず確認します。

[2] バスダクト相互の接続は、本体同士を接続する継ぎ手（カップリング）を用いて接続する製品があります。バスダクト本体に表示されている番号で、順序、接続方向を確認します。

[3] 導体同士の重なり具合、側板同士の重なり具合、状況の確認をしながら、側板がストッパに当たるまで確実に差し込みます。

[4] 差し込みが終わったら、側板をビスで固定します。

[5] 接続ボルトを仮締めします。

[6] 接続上下板を取り付け、固定支持金物を支持材に固定します。

[7] 施工していく工程の中で、導体間、導体と接地間の絶縁抵抗測定を行っていくことで、異物の侵入、施工不良のないことを確認して、次のエリアの施工に進みます。

[8] バスダクトの施工で最も重要なことは、接続ボルトを正しく締め付けることです。締め付け過ぎ、締め付け不足、締め付け忘れは致命的な欠陥工事となるため、ボルトの締め付け確認責任者、および点検者の選任を行い作業します。

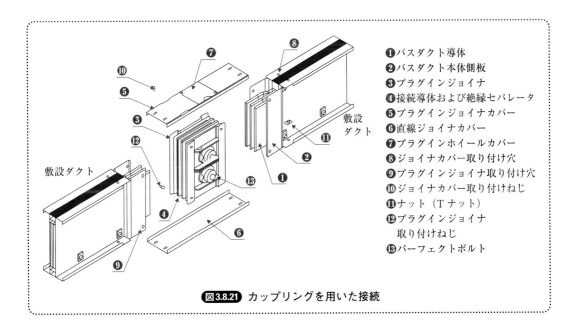

❶バスダクト導体
❷バスダクト本体側板
❸プラグインジョイナ
❹接続導体および絶縁セパレータ
❺プラグインジョイナカバー
❻直線ジョイナカバー
❼プラグインホイールカバー
❽ジョイナカバー取り付け穴
❾プラグインジョイナ取り付け穴
❿ジョイナカバー取り付けねじ
⓫ナット（Tナット）
⓬プラグインジョイナ
　取り付けねじ
⓭パーフェクトボルト

図3.8.21 カップリングを用いた接続

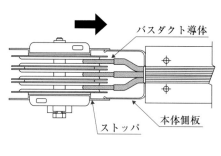

図3.8.22 カップリングの差し込み

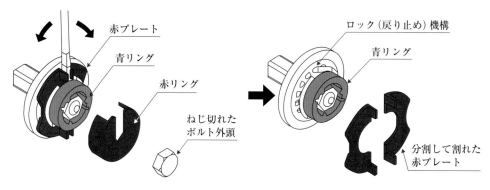

図3.8.23 接続ボルトの構造例（共同カイテック製の場合）

9 締め付けには、専用トルクレンチを用います（定期的に締め付けの点検が必要）。製作メーカーによっては、戻り止め機構付き導体接続ボルトを使用しており、例えば共同カイテック製の場合（**図3.8.23**）は規定トルク値に達するとボルト外頭がねじ切れ、赤リングが外れます。マイナスドライバなどで赤プレートを取り外すと、ロック機構がセットされて接続が完了します。残る青リングを目視点検することで管理ができます。

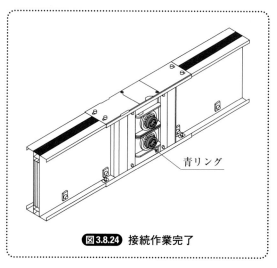

図3.8.24 接続作業完了

10 接地は、配電盤（電源側）端末に取り付けられている接地用端子に接続を行い、バスダクト相互、分岐ボックスなどはケースアース方式になっています。

11 バスダクト導体の相順確認を電源端と負荷側で行います。終了後、導体相互（相間）および導体と接地間の絶縁抵抗を測定し、異常がないことを確認します。なお、バスダクトは、残留電荷が大きくなるので電荷放電処置を施します。

3.9 ケーブル延線工事

ケーブル延線工事とは

ビルやマンションの高層化、工場やショッピングセンターの大型化に伴い、幹線ケーブルも大径化、長大化が進みました。ケーブル延線工事においても、安全性、省力化、作業効率の向上を図るため、工具の開発や改良がなされています。ここでは、水平延線作業、垂直延線作業での使用工具および工法について解説します。

3.9.1 ケーブル延線工事で用いる工具の種類と使用方法

ケーブル延線工事に用いる以下の工具を解説します。

- ✓ ドラムジャッキ、ドラムローラ
- ✓ 電動ウインチ、電動チルクライマ
- ✓ ケーブル延線送り機
- ✓ あみそ（ケーブルグリップ）
- ✓ アルミ大径吊金車
- ✓ ケーブルコロ、三連コロ
- ✓ 三面・四面・延線・コーナーローラ
- ✓ より戻し
- ✓ 延線ロープ
- ✓ ケーブル落下防止装置（ケーブルグリッパ）

▶ ドラムジャッキ、ドラムローラ

（ ドラムジャッキ ）

ドラムジャッキは、ケーブルドラムを持ち上げてドラムを回転させ、ケーブルを繰り出すための工具です。

（ ドラムローラ ）

ドラムローラは、ケーブルドラムをローラの上に乗せて回転させ、ケーブルを繰り出すための工具です。

（ 回転機 ）

パレット回転機は、ケーブルドラムを横に寝かせて回転させ、ケーブルを繰り出すための工具です。

図3.9.1 ドラムジャッキ※

※ 写真提供：株式会社東和サプライ

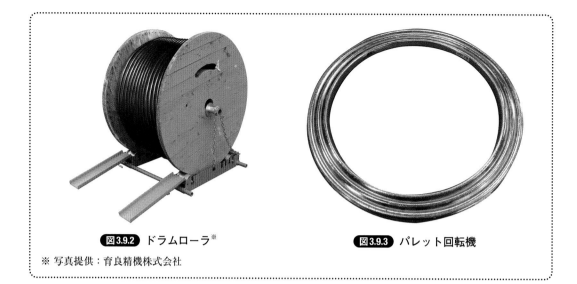

図3.9.2 ドラムローラ※

図3.9.3 パレット回転機

※ 写真提供：育良精機株式会社

それぞれ、許容荷重の制限があるので工具の選定時に確認が必要になります。

▶電動ウインチ、電動チルクライマ

電動ウインチ

電動ウインチは、けん引力、スピード、設置場所などを考慮して胴巻き式と巻き付け式のいずれかを選択をします。胴巻き式は、確実にワイヤやロープを巻き取れますがワイヤやロープの太さと長さは限定されます。一方、巻き付け式は、ワイヤやロープの長さは任意で選択できますが、ケーブルの荷重による選定が必要で、機器本体も大型になります。

電動チルクライマ

電動チルクライマは、近年のケーブル延線工事で頻繁に使用されている工具です。電動ウインチと比較して、けん引能力が同じ場合、本体の自重は半分以下、ワイヤの長さは任意で選択でき、往復けん引可能など、作業効率に優れた機器です。

図3.9.4 電動ウインチ※1

図3.9.5 電動チルクライマ※2

※1 写真提供：株式会社富士製作所
※2 写真提供：カツヤマキカイ株式会社

▶ケーブル延線送り機

　ケーブル延線送り機は、ケーブルをけん引する際に電動ウインチや電動チルクライマと併用する機器です。その名の通り、ケーブルを送り出す延線機となり、長さや曲がり箇所に応じて延線ルート上の中間に数台取り付けると、スムーズに延線作業を行うことができます。

▶あみそ

　あみそ（ケーブルグリップ）は、プーリングアイとも呼ばれており、延線ケーブルの先端に取り付けます。割りあみそ（中間用ケーブルグリップ）タイプもあり、用途としてはケーブルの中間に取り付けることが可能で、先端を長く引き出す場合などに用いられています。また、先端用、中間用は、ケーブル延線以外に吊支持用としても使用されています。

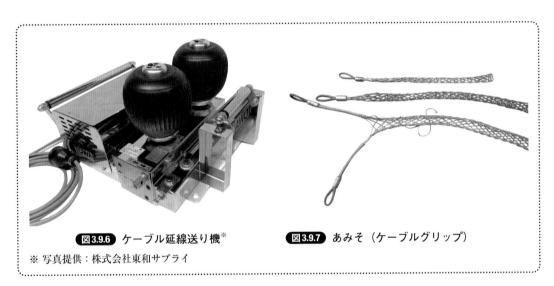

図3.9.6　ケーブル延線送り機※　　　図3.9.7　あみそ（ケーブルグリップ）

※ 写真提供：株式会社東和サプライ

▶アルミ大径吊金車

　アルミ大径吊金車は、ケーブルを垂直から水平、あるいは水平から垂直に力の方向を転換する箇所などで用いる機器です。狭いシャフトなどでは、床面と天井面に設置してワイヤやロープの方向を変えるときにも使用されます。

▶ケーブルコロ、三連コロ

　ケーブルコロは、床面やケーブルラック上に設置してケーブルの損傷を防ぐと共に、摩擦抵抗を低減させて少ない力でけん引するために使用します。

　三連コロも用途はケーブルコロと同じです。ハンドホールの入口などの端部に設置して使用します。

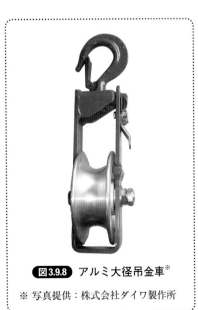

図3.9.8　アルミ大径吊金車※

※ 写真提供：株式会社ダイワ製作所

図3.9.9 ケーブルコロ※

図3.9.10 三連コロ※

※ 写真提供：育良精機株式会社

▶三面・四面・延線・コーナーローラ

　各種ローラは、ケーブルラックの曲がり部分や直線部分に設置します。ケーブルの損傷を防ぐと共に摩擦抵抗を低減させて、少ない力でけん引することができます。

図3.9.11 三面ローラ（多目的金車)※

図3.9.12 四面ローラ※

図3.9.13 延線ローラ※

図3.9.14 コーナーローラ※

※ 写真提供：育良精機株式会社

▶より戻し

より戻しは、ケーブル延線時に発生するより（ねじれ）を解消する目的で、あみそとワイヤまたは延線ロープの間に使用します。

▶延線ロープ

延線ロープやワイヤの選定では、強度、耐熱（摩擦熱）太さ、扱いやすさ、コストを考慮します。延線作業中に破断、切断すると大事故につながる恐れがあるので、作業中も点検しながら使用します。

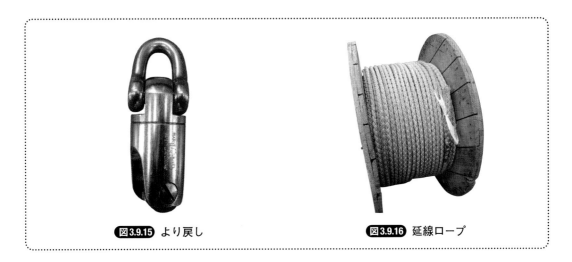

図3.9.15 より戻し　　　　　　**図3.9.16** 延線ロープ

▶ケーブル落下防止装置

ケーブル落下防止装置（ケーブルグリッパ）は、垂直延線作業の際に何かのはずみでケーブルが落下しないようにするために設置します。引き上げる方向では、ブレーキ機構が緩み、下方向に対して保持する力が働きます。ケーブルの落下を防止するので、延線する距離（階数）にもよりますが、20 m〜25 mに1カ所設置します。なお、距離が短くても単独では使用できないため、最低2台以上を設置して延線作業を行います。

図3.9.17 ケーブル落下防止装置（ケーブルグリッパ）※

※ 写真提供：育良精機株式会社

3.9.2 ケーブル延線の施工方法

電気設備需要の増大に伴い、幹線設備も大容量化しています。幹線ケーブルの延線時期を的確に捉え、安全で効率的な計画を立案して作業を工程内に終わらせる必要があります。

▶ケーブルドラム搬入計画

ケーブルドラムの搬入で重量物を運搬する際は、挟まれ災害に注意します。また、ドラムが大きく大量に搬入すると置き場にも困りますので、延線する順番、日程を考慮して計画を立てることが重要です。

（搬入時期）

搬入時期は、ケーブル延線工程および建築業務・設備業務などの他職の工程を考慮して調整を行い決定します。電線メーカー、配送業者と日時、重量、高さ、幅、荷姿、地域による制約などを細かく打ち合わせを行い、遅れなどが発生しないように注意して計画します。

（搬入経路）

ケーブルドラムの重量、高さ、幅、荷姿を考慮して、経路および置き場を決定します。また、作業間調整会議の場で他職との打ち合わせを行い、協力を依頼することも必要になります。

（楊重調整）

クレーン、仮設エレベータ、フォークリフトなどを使用する際は、荷捌きスペースの確保、楊重機の手配を早めに行います。ケーブルの延線が完了すると、空のケーブルドラムを搬出して次の搬入準備が必要なため、注意して計画します。

▶幹線ケーブル延線計画
（延線方法）

延線ルートの状況を検討して、安全で効率のよい方法を選択します。

- ✓ ルート全体の水平部分から垂直部分までを同時に延線する方法
- ✓ 水平部分と垂直部分を分けて延線する方法
- ✓ 弱電ケーブルや短い小容量ケーブルを上階から下階に引き下ろす方法

ケーブルの延線作業で水平部分の多い場所では、ケーブルラックや敷設済みのケーブルなどに傷を付けない目的から、けん引には繊維ロープを使用し、垂直部分ではワイヤロープを使用するなどロープの使い分けが望ましいです。シャフトやEPS（Electric Pipe Shaft：電気シャフト）でケーブルを吊り上げるために使用するフックは、ケーブルの重量と延線荷重が集中するので設置する際は、細心の注意が必要になります。

安全で省力化が図れる工具、機器を選定することが大切です。ケーブルをけん引するには、電動チルクライマや電動ウインチを用いますが、能力に関しては安全率を考慮して十分な余裕がある機器を選んでください。

ケーブル延線送り機を併用する場合は、引く速度と送り出す速度を同期させる必要があります。速度が同期していないと、ケーブルがたわみ、あみそ（ケーブルグリップ）からケーブルが抜けるなどが発生し、非常に危険です。また、延線ルートの途中で無理な張力がかかりケーブルラックが破損する恐れもありますので、同期を取るように注意して調整します（機器によっては自動同期をしてくれる電源ボックスもありますので、機器選定の際は検討してみましょう）。

垂直延線で引き上げたケーブルの仮吊り、ワイヤロープの盛替え用にチェーンブロック、台付けワイヤ、繊維スリング、シャックル、滑車や金車も用意します。ケーブルドラムの支持繰り出し用にドラムジャッキやドラムローラも必要になります。

作業範囲が広範囲に渡るので、連絡手段としてトランシーバや無線機、パワーインターホンを準備して使用します。

(ケーブルドラムの設置場所)

ケーブルドラムの設置場所は、ドラムの重量、大きさで作業スペースが変わってきますので、ここでも他職との作業間調整が非常に重要となってきます。

(延線するケーブルの順位)

敷設するケーブルの種類、サイズ、行先、長さ、重量、条数、配電盤のケーブル接続位置、ケーブルラックの曲がり、幅、段数などを考慮して延線順位を決めて表を作成します。表を作成することにより、効率よく作業を進めることができます。

▶延線作業時の注意事項

延線作業で注意を要するのは、垂直部分（シャフトやEPS）内の延線中ケーブルの脱落や落下、開口部からの資材や工具の落下、ケーブルドラムの転倒などです。

ケーブルの落下防止には、ケーブル落下防止装置（ケーブルグリッパ）を使用します。シャフトやEPS内の床面には、資材や工具を置かないようにして開口部からの物の落下を防止します。また、第三者への災害防止対策として、延線作業区画内を関係者以外立入禁止として表示および打ち合わせなどで周知、注意喚起を行うことも大事です。専用シャフトなどで施錠ができる状態であれば鍵を締め、扉に「作業中につき関係者以外立入禁止」の表示を取り付け、作業内容、立入禁止期間を明記するとトラブルもなく作業を進めることができます。

それ以外の延線ルートは、トラロープやカラーコーンなどで作業区画を行い、他職や第三者が不用意に近づかないようにします。また水平ケーブルラック上での作業では、高所作業になることが多いので、昇降設備を設置して親綱などで命綱を掛けられる設備を整備して、作業に取り掛かることが重要です。

▶延線機器、工具の設置

電動チルクライマや電動ウインチの設置は、アンカーボルト、繊維スリング、ラッシングベルトなどを使用して堅固に固定すると共に、付近の構造体などからワイヤロープで支持し、安全を確保します。ケーブル延線送り機、ケーブル落下防止装置も同様に繊維スリングとラッシングベルトでしっかりと固定しましょう。最上部には、床開口部の中心をケーブルが通過するように金車位置を調整して取り付けます。延線作業でケーブル外装を損傷させないように、途中にケーブルコロ、各種ローラ、さらに補助的なものとして波付硬質ポリエチレン管（FEP管）に割りを入れたものをコーナー部分や躯体との接触部で利用するとよいでしょう。特に、水平ラック上などで大きく曲がる箇所では内側に力が加わるので、コーナーローラを使い屈曲半径にも注意します。

また、ケーブルドラムの設置では、繰り出し用としてドラムジャッキやドラムローラを使用します。

▶延線作業手順

作業責任者は延線計画をよく理解して適正な人員配置を行い、各作業内容を明確にして作業員に理解、納得させてから延線作業に取り掛かります。

1 延線順位に従い、ケーブルドラムを設置します。ドラムを移動する際は転がし方向矢印に従ってください。逆に転がすと、ケーブルの巻きが緩みますので注意が必要です。転がし方向矢印がない場合は、ケーブルを巻き取る方向に転がします。ワイヤロープ、より戻し、あみそ（ケーブルグリップ）との接続は最も重要な作業です。確実に行い、熟練の作業者や作業責任者が確認するとよいでしょう。

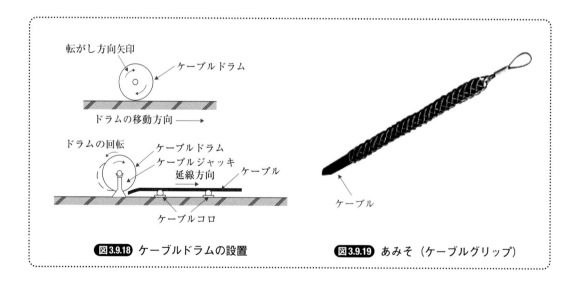

図3.9.18 ケーブルドラムの設置　　**図3.9.19** あみそ（ケーブルグリップ）

2 けん引されているケーブルの先端には必ず作業員が付き添い、けん引している機器の操作者、ケーブルを繰り出している作業員、作業責任者と連絡を取り状況を細かく報告します。延線する距離が長い場合は、適当な箇所に監視員を配置して状況を報告するようにしてください。

3 けん引する機器側の作業員はワイヤ
ロープの取り扱いが多くなるので、
皮手袋を着用します。作業責任者
や各分担箇所からの指示、報告に瞬
時の対応できる体制を保ち、ワイヤ
ロープの状況を監視します。ケーブ
ルが予定の位置まで到達したら、作
業責任者からの指示に従い、すみや
かにケーブルの仮止め、または支持
を行います。ケーブルの支持が済ん
だら、ワイヤロープをケーブル繰り
出し場所に戻して、次の延線作業の
準備をします。

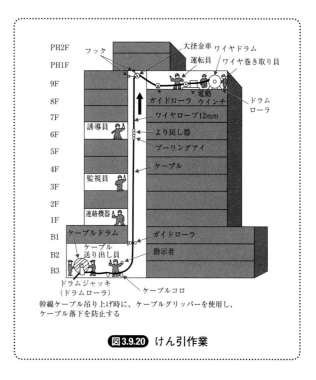

図3.9.20 けん引作業

▶ケーブルの支持

電技解釈第164条第1項第三号により、
ケーブルを造営材の下面または側面に
沿って取り付ける場合は、電線の支持点間の距離をケーブルの場合は2m以下（接触防護措置を施
した場所において垂直に取り付ける場合は、6m以下）、キャプタイヤケーブルの場合は1m以下
とし、かつ、その被覆を損傷しないように取り付けること、と定められています。

ケーブル支持材（結束材）としては、ケーブル用サドル、クリート、ケーブル支持用金具、麻ひ
も、木綿ひも、クレモナロープ、結束バンドなどがあります。これら支持材を用いて、ケーブル被
覆を損傷させないように確実に支持をすることが重要です。水平に敷設したケーブルラックの結束
支持間隔は、2〜3m以内ごとに行い、垂直部分では同一子桁に結束支持を集中させずに、全般に
結束支持を分散させるように施工してください。特にケーブルラックの幅が広く、ケーブルの重量
が重く本数が多い場合は、分散結束支持をすることが重要です。

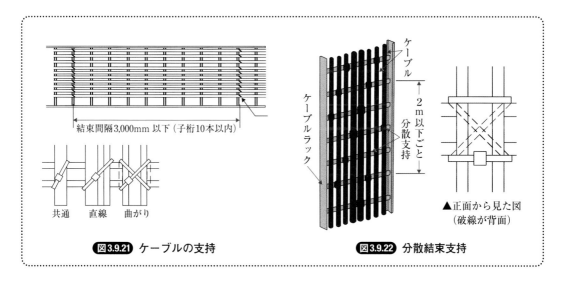

図3.9.21 ケーブルの支持

図3.9.22 分散結束支持

3.10 ライティングダクト工事

ライティングダクト工事とは

ライティングダクト工事とは、専用プラグによって照明器具やコンセントなどの取り付けがダクトの任意の位置でできる配線方式を指します。特に店舗やデパートの模様替えなどでの照明器具の位置変更や、工場などの各種小型電動工具の給電などの対応に採用が多い工事です。ジョイナ（本体相互の接続材）、エルボ、ティー、クロス、エンドキャップ、プラグ、フィードインキャップなどが付属品として用意されています。ライティングダクトと付属品は、電気用品取締法に適合するものを選びます。

【関連規定】電技解釈：第165条［特殊な低圧屋内配線工事］｜内線規程：3150節［ライティングダクト配線］

3.10.1 ライティングダクトの規格

ライティングダクトの規格は、日本産業規格 JIS C8366（2006）で次のように規定されています。

この規格は、照明器具、小型電気機械器具へ電気を供給する、交流電圧300V以下、定格電流30A以下のライティングダクト並びにその付属品について規定されている。

ライティングダクトは、絶縁物で支持した導体を金属製または合成樹脂製のダクトに入れ、ダクト全長に渡り接続したプラグまたはアダプタの受口を設けてあるものです。使用目的および構造によって固定Ⅰ型、固定Ⅱ型があります。

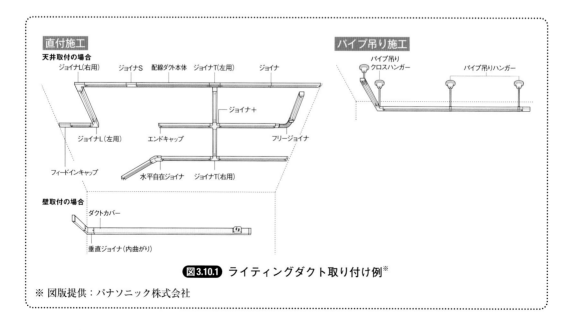

図3.10.1 ライティングダクト取り付け例※

※ 図版提供：パナソニック株式会社

▶固定Ⅰ型

固定Ⅰ型は、造営物の天井、壁面などに受口を下向きに取り付けて、照明器具または小型電気機械器具への電源供給として使用することを主目的としたもので、導体カバーとダクトカバーがないものを指します。

▶固定Ⅱ型

固定Ⅱ型は、造営物の幅木などに受口を横向きに取り付けて、コンセント回路として使用することを主目的としたもので、導体カバーおよびダクトカバーを備えたものを指します。

▶付属品

ライティングダクトの付属品には、次のようなものがあります。

表3.10.1 ライティングダクトの付属品

名称	説明
カップリング	ダクトを直線状に接続するもの
エルボ	ダクトを直角またはその他の角度に接続するもの
ティー	ダクトを3方向に接続するもの
クロス	ダクトを4方向に接続するもの
フィードイン	ダクトと電源との接続を行う部分
フィードインキャップ	ダクトの端末でフィードインを持つもの
エンドキャップ	ダクトの端末を閉鎖するもの
プラグ	ダクトの開口部に装着し、接触子などによってダクト導体から集電するもので負荷接続用の受口を持たないもの
ダクトカバー	ダクトの開口部を覆う部分

図3.10.2 カップリング（ジョイナ）※

※ 写真提供：パナソニック株式会社

図3.10.3 エルボ（ジョイナL・R)※

図3.10.4 ティー※

図3.10.5 クロス※

図3.10.6 フィードインキャップ※

図3.10.7 エンドキャップ※

図3.10.8 引掛シーリング※

※ 写真提供：パナソニック株式会社

3.10.2 工事上の留意事項

ライティングダクト工事では、以下の点に注意が必要です。なお、ライティングの切断では、合成樹脂を使用しているので高速切断機を使用せず、金切りのこなどで行うようにします。

- ✓ 使用電圧は300 V以下とする
- ✓ 屋内の乾燥した露出場所または点検できる隠ぺい場所に施設する
- ✓ 床、壁、天井などの造営材を貫通して施設してはならない
- ✓ 造営材に支持する場合は、支持箇所を1本ごとに2カ所以上とし、支持点の間隔は2 m以下とする
- ✓ 開口部は下向きに取り付ける（人が容易に触れない高さでダクトカバーを取り付けたもの、固定Ⅱ型を使用する場合を除く）
- ✓ 終端部はエンドキャップを付けて閉塞する
- ✓ 電路には簡易接触防護装置を施さない場合は漏電遮断器（定格感度電流30 mA以下、動作時間0.1秒以内のものに限る）を施設する
- ✓ 金属製部分（導体を除く）には、D種接地工事を施すこと。ただし対地電圧が150 V以下で、かつダクトの長さが4 m以下の場合、または合成樹脂などの絶縁物で金属製部分を被覆したライティングダクトを使用する場合は、この限りでない
- ✓ 壁側に沿って取り付ける場合は、壁より20 mm程度間隔を空けて取り付ける（プラグなどが取り付けできないことがあるため）

3.10.3 ライティングダクト工事の施工例

最初に、配線ダクト敷設位置の墨出しを行います。仕上げ面に直接配線ダクトを取り付ける場合があるので、チョークラインなどで行うとよいでしょう。

配線ダクトの加工および接続では、配線ダクトの本体長さの取り付け寸法に合わせて加工しながらダクト相互の接続をジョイナを用いて行います。配線ダクトの切断は、金切りのこで切断し、ヤスリで面取りを行います。

配線ダクトの取り付けでは、造営材に配線ダクトを直接取り付ける場合、墨に合わせて付属ねじなどで堅ろうに取り付けます。石膏ボードの場合は、天井下地のMバーに取付ビスを止めます。

電源との接続は、電源線接続用フィードインキャップをダクト本体に取り付け、セットねじで締め付けます。

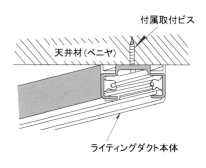

付属取付ビス

天井材（ベニヤ）

ライティングダクト本体

※取付面：ベニヤ

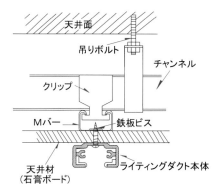

天井面

吊りボルト

チャンネル

クリップ

Mバー

鉄板ビス

天井材
（石膏ボード）

ライティングダクト本体

※取付面：石膏ボード

直付けの場合

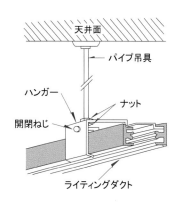

天井面

パイプ吊具

ハンガー

ナット

開閉ねじ

ライティングダクト

パイプ吊りの場合

天井面

吊りボルト

クリップ

チャンネル

鉄板ビス

Mバー

天井材

ライティングダクト本体

埋込枠

埋め込みの場合

図3.10.9 ライティングダクト工事の施工

パイプ吊りの場合、パイプ
ハンガー取り付けは精密さ
が要求される

図3.10.10 パイプ吊りの施工例

埋め込みライティングダクト。
天井面とフラットになる

図3.10.11 埋め込み式の施工例

3.11 OAフロア配線工事

 OAフロア配線工事とは

OAフロア配線工事（アクセスフロア配線工事）は、電力・電話・データ用配線量の増加に対応するため、躯体上に一定の空間が設けられるよう製品化された部材が施設された床下に配線する工事です。高さの低いフリーアクセスフロアを用いた二重床配線のことを、OAフロアと呼びます。

【関連規定】電技解釈：第164条［ケーブル工事］｜内線規程：3170節［アクセスフロア内のケーブル配線］

3.11.1 OAフロアの種類と特徴

OAフロア（アクセスフロア）には、以下の種類があります。

表3.11.1 OAフロアの種類※

※ 引用・参考文献：フリーアクセスフロア工業会HP

		支柱調整式 床仕上がり面の水平およびがたつきの調整をするための支柱調整機能を有するもの	置敷式 支柱調整機能を有せず、床仕上がり面下地にならうもの
支柱固定タイプ	支柱分離型 パネルを持ち上げたとき、支柱等が建築物の床側に残るもの	← 接着	← 接着
支柱非固定タイプ		← 非接着	
	支柱一体型 パネルを持ち上げたとき、支柱等の支持物がパネル側に付いているもの		

3.11.2 OAフロア配線の施工上の注意

　OAフロアによる配線工事は、ケーブル工事（解釈第164条）に準じて行います。また、内線規程3170節「アクセスフロア内のケーブル配線」では、保安上必要な事項について規定されています。

▶電線（ケーブル）について

　使用電圧が300 V以下の場合は、ビニル外装ケーブル、ポリエチレン外装ケーブル、クロロプレン外装ケーブル、ビニルキャブタイヤケーブル、耐燃性ポリオレフィンキャブタイヤケーブル、または2種以上のキャブタイヤケーブルを使用します。300 Vを超える場合は、ケーブルまたは3種以上のキャブタイヤケーブルを使用します。

▶施設方法（配線方法）

1　フロア内のペイント表示や、テープによる色分け、またはセパレータなどで、ケーブル配線と弱電流電線のルート識別および接触防止措置を施します。

2　移動電線を引き出すフロアの貫通部には保護材を挿入し、ケーブルの損傷防止を行います。

▶ケーブル配線の支持

　ケーブルに適合するサドル、ステップルを用い、ケーブルを損傷しないように堅ろうに固定します。造営材の側面または下面に沿って配線する場合の支持点間の距離は、ケーブルは2 m以下、キャブタイヤケーブルは1 m以下とします。フロア内に床に施設する場合は、転がし配線とすることができます。

▶ケーブル配線の屈曲

　ケーブルの曲げは、内側の半径をケーブル仕上がり外径の6倍（単心は8倍）以上とします。

▶ケーブル配線の接続

　フロア内のケーブル相互の接続は、フロアの上から接続箇所が容易に確認でき、かつフロア面が常時開閉可能な場所に施設します。

▶コンセントなどの施設

　コンセントは、原則としてフロア内に施設しません。フロア内に施設する場合は、抜止形または引掛形のコンセントを使用します。また、施設位置が容易にわかるようにフロア面上にマーキングなどの処置を施します。

図3.11.1 コンセントマーカーの表示

▶分電盤の施設

　分電盤は、原則フロア内に施設できません。ただし、当該フロアのみに電気を供給する補助的な分電盤に限りフロア内に施設することができます。その場合、分電盤をフロア内の床に固定し、フロア上から容易に施設場所を確認できる（フロア面が容易に開閉可能な場所に施設）ようにします。

▶接地

　接地は、内線規程3165-8（接地）の規定に準じて行います。

3.11.3 OAフロア配線の施工例

図3.11.2 ハーネスジョイントボックス用OA電源タップの接続[1]　　**図3.11.3** 置敷タイプの配線の様子[2]

※1 写真提供：ステップライン株式会社
※2 写真提供：パナソニック株式会社

▶床用コンセントの種類

図3.11.4 インナーコンセント。支柱タイプのOAフロアに対応※

図3.11.5 アップコンセント。置敷タイプのOAフロアに対応。挟み込み固定とねじ止め固定での選択が可能。また、住宅用としても使用できる※

図3.11.6 露出型コンセント。置敷タイプのOAフロアに対応※

※ 写真提供：パナソニック株式会社

3.12 特殊場所の工事（防爆工事）

 特殊場所とは

爆燃性粉じん、可燃性ガス、および危険物が存在する場所です。電技解釈の第175条から178条までに規定されているのは、次の場所になります。

- ・粉じんの多い場所（電技解釈第175条）
- ・可燃性ガス等の存在する場所（電技解釈第176条）
- ・危険物等の存在する場所（電技解釈第177条）
- ・火薬庫などの危険場所（電技解釈第178条）

ここでは可燃性ガス等の存在する場所での工事について述べます。

【関連規定】電技解釈：第176条［可燃性ガス等の存在する場所の施設］

3.12.1 ガス蒸気危険場所

　ガス蒸気危険場所とは、可燃性ガスまたは引火点40℃以下の引火性液体の蒸気が空気中に存在して、爆発性雰囲気の存在する時間と頻度に応じて危険な濃度となる場所、またはその恐れがある場所を指します。危険度により、特別危険箇所（Zone0）、第1類危険箇所（Zone1）、第2類危険箇所（Zone2）の3つに分類されています。

　危険場所の種別の最終決定に関しては、危険物を取り扱う事業者（その現場の責任者）の責任で行われます。

3.12.2 危険箇所（危険場所）の分類とその内容

　防爆構造機械器具について厚生労働大臣が定めた規格は「電気機械器具防爆構造規格」（通称：構造規格）だけですが、第5条の規格に適合する国際規格（IEC規格）に基づいた規格体系が検定の基準として運用されているので、実質的には2つの規格体系があります。また、国際規格に基づく基準として「国際整合防爆指針2015」があります。

　危険場所は、上記またはガスによる爆発性雰囲気の生成頻度および持続時間によって以下のように定義されます。

表3.12.1 危険箇所の分類[※]

※ 引用・参考文献：日本電熱株式会社HP

特別危険箇所 （0種場所、Zone0）	爆発雰囲気が通常の状態において、連続してまたは長時間に渡って、もしくは繁栄に存在する場所
第1類危険箇所 （1種場所、Zone1）	通常の状態において、爆発性雰囲気をしばしば生成する恐れがある場所
第2類危険箇所 （2種場所、Zone2）	通常の状態において、爆発性雰囲気を生成する恐れが少ない、または生成した場合でも短時間しか持続しない場所

3.12.3 防爆構造の種類

▶ 耐圧防爆構造

全閉構造で内容内部で爆発性ガスの爆発が起こった場合に容器がその圧力に耐え、かつ、外部の爆発性ガスに引火する恐れのない構造を、「耐圧防爆構造」と呼びます。

▶ 油入防爆構造

電気機器の電気火花または、アークを発する部分を油中に収めて油面上に存在する爆発性ガスに引火する恐れがないようにした構造を、「油入防爆構造」と呼びます。

▶ 内圧防爆構造

容器の内部に保護気体（清浄な空気、または不活性ガス）圧入して内圧を保持することによって爆発ガスが侵入するのを防止した構造を「内圧防爆構造」と呼びます。

▶ 安全増防爆構造

正常時および事故時に電気火花、または高温部を生じてはならない部分に、これらが発生するのを防止するように、構造上および温度上昇について特に安全度を増加した構造を、「安全増防爆構造」と呼びます。

▶ 本質安全防爆構造

正常時および、事故発生時に発生する電気火花、または高温部により爆発性ガスに点火しないことが、公的機関において試験その他によって確認された構造を、「本質安全防爆構造」と呼びます。

▶ 特殊防爆構造

上記以外の構造で、爆発性ガスの引火を防止できることが、公的機関において試験その他によって確認された構造を、「特殊防爆構造」と呼びます。

3.12.4 配線方法

防爆工事の配線は、ケーブル配線、金属管配線、移動電気機器の配線、または本質安全回路（本

安回路）の配線によるものとします。

表3.12.2 防爆電気配線における配線方法の選定の原則※

※ 引用・参考文献：『ユーザーのための工場防爆設備ガイド（ガス防爆 TR-No.44，2012)』［独立行政法人 労働安全衛生総合研究所］

配線方法		危険場所の種別		
		特別危険箇所 （0種場所）	第一類危険箇所 （1種場所）	第二類危険箇所 （2種場所）
本安回路 以外の配線	ケーブル配線	×	○	○
	金属管配線	×	○	○
	移動用電気機器の配線	×	○	○
本安回路の配線		○	○	○

★ ○：適するもの　×：適さないもの

▶金属管配線

1 電線は、JIS C3307に規定する600 V ビニル絶縁電線、またはこれと同等以上の絶縁電線を使用します。ケーブルまたはキャブタイヤケーブルは、使用できません。

2 電線管は、JIS C8305（2019）に定める厚鋼電線管を使用します。

3 付属品（シーリングフィッチング、フレキシブルフィッチング、ユニオン類）は、検定合格条件の範囲内で使用します。

4 ねじ結合は、電線管と付属品、または防爆電気機器とのねじ結合部について管用平行ねじによる完全ねじで、山数は5山以上で結合させます。また、カップリングの送り接続は行わず、ユニオンカップリングを使用します。ロックナットなどは、適正な強さで締め付け、電線管内部に粉じんが侵入しないように施工します。

5 下記の箇所にシーリングフィッチングを設け、シーリングコンパウンドを充填します。

✓ 異なる種別の危険場所の間、または境界。境界に隔壁がある場合は、いずれか一方の3 m以内。その隔壁との間の電線管路には継ぎ目を設けないこと
✓ 分岐接続または端末処理を行う防爆機器と電線管路との間。機器より450 mm以内に1カ所設ける
✓ 電線管の管路が15 mを超える場合は、15 m以下ごとに1カ所設ける
✓ シーリングコンパウンドの充填層の高さは、電線管の内径以上（最小20 mm）にすること
✓ シーリングフィッチングの中で、電線の接続や分岐は行わないこと

シーリングフィッチングとは、耐圧防爆性を保持するため電線管路い用いて管路の一部を構

成し、その内部にシーリングコンパウンドを充填するように作られた電線管用付属品です。機械や配管内で万一爆発事故が起こった場合、火災が他の部分に広がらないように管路を密閉する目的で使用されます。

6 可とう性を必要とする接続箇所は、耐圧防爆構造または安全増防爆構造のフレキシブルフィッチングを使用します。これを曲げる場合の内側半径は、フレキシブルフィッチングの管部分の外径の5倍以上とし、ねじれが生じないように施工します。

表3.12.3 金属管配線における電線管用付属品の選定例※

※ 引用・参考文献：『ユーザーのための工場防爆設備ガイド（ガス防爆 TR-No.44，2012）』［独立行政法人 労働安全衛生総合研究所］

防爆電気機器の端子箱等の防爆構造	電線管用付属品の種類					
	ユニオンカップリングアダプタ、ニップル	フレキシブルフィッチング		シーリングフィッチング	ボックス類	
	耐圧	耐圧	安全増	耐圧	耐圧	安全増
耐圧防爆構造	◯	◯	－	◯	◯	－
安全増防爆構造	◯	◯	◯	◯	◯	◯

★1 ボックス類は、防爆電気機器とシーリングフィッチングの外側に設置する場合は、必ずしもこれによらなくてもよい
★2 表中の意味は、次の通り。◯：適するもの － ：適しないもの

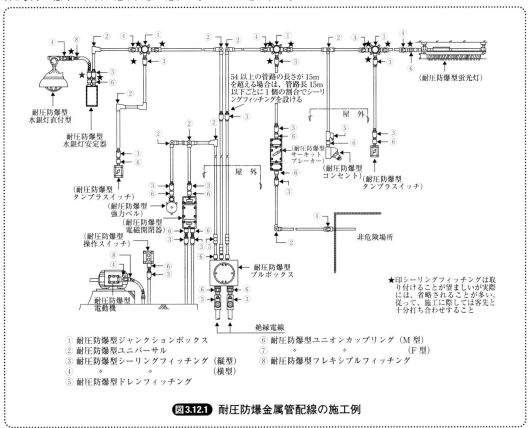

図3.12.1 耐圧防爆金属管配線の施工例

▶ケーブル配線

1 ケーブル種類の選定にあたっては、外傷に対する保護方法、絶縁体、シースの周囲温度、薬品等に対する劣化防止を考慮の上、使用場所の環境および施工方法に適したものを選定します。

2 ケーブルが外傷を受ける恐れがない場合を除き、鋼製電線管、ダクト等に納め、外傷保護措置を行う必要があります。なお、波付鋼管、鋼帯などの金属がい装ケーブルやMIケーブルは、ケーブル自身で外傷保護の機能を有しているので外傷保護の必要がありません。

3 十分な外傷保護性能を電線路に持たせ、かつ、必要に応じてガスの流動防止と延焼防止処置を施すことが必要になります。

4 耐薬品性、小動物等の侵入対策、耐環境性を考慮することが必要です。

5 導体の太さは、敷設状況に応じた電流逓減率を設定し、許容電流は10％以上の裕度を持った値とします。

6 ケーブルは、内部の空隙が少なく、ガスなどが流通しにくいものを使用します。

7 危険場所内でのケーブル配線は中間接続なしで敷設することが望ましいです。ただし、接続延長が避けられない場合には、防爆性能が確認された接続箱を使用して導体の接続を行う必要があります。導体の接続は、圧着、ボルト締め、溶接、ろう付けなどの方法によって行います。

表3.12.4 ケーブルの引込方式（ケーブルランド）の選定例※

※ 引用・参考文献：『工場電気設備防爆指針（国際整合技術指針 2015)』［独立行政法人 労働安全衛生総合研究所］

設備の端子箱等の防爆構造	引込方式(ケーブルグランドの種類)	ケーブルの種類			
		ゴム・プラスチックケーブル	金属製外装ケーブル	鉛被ケーブル	MIケーブル
耐圧防爆構造	耐圧パッキン式	○	○	○	－
	耐圧固着式	○★2	○★3	○★3	－
	耐圧スリーブ金具式	－	－	－	○
安全増防爆構造	耐圧パッキン式	○	○	○	－
	安全増パッキン式	○	○	○	－
	安全増固着式	○	○	○	－

★1 防爆電気機器の端子箱等は、本体容器の一部分を指す場合と、独立した容器である端子箱を指す場合がある。また、接続箱は、法規上電気機器ではないが、ケーブルの引込方式の適用においては、電気機器の端子箱等と同等に取り扱われる。
★2 シースの内部に空隙の多いゴム・プラスチックケーブルは、固着式には不向きであり、耐圧固着式ケーブルグランドを用いても十分な耐圧防爆性能を確保しにくいので適用してはならない。
★3 金属がい装または鉛被ケーブルは、がい装を除いたケーブル部をパッキンで圧縮するか、または固着する。
★4 表中の意味は次の通り。○：適するもの　－：適しないもの

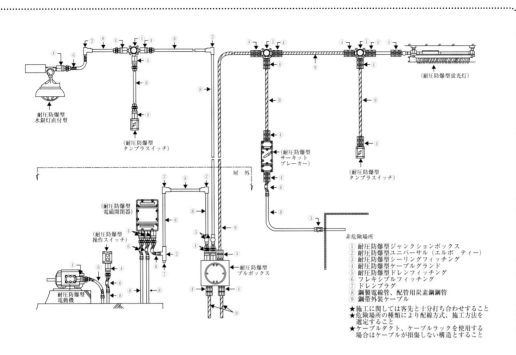

（耐圧防爆型蛍光灯）

耐圧防爆型
水銀灯直付型

（耐圧防爆型
タンブラスイッチ）

（耐圧防爆型
サーキット
ブレーカー）

（耐圧防爆型
タンブラスイッチ）

屋　外

（耐圧防爆型
電磁開閉器）

（耐圧防爆型
操作スイッチ）

耐圧防爆型
電動機

耐圧防爆型
プルボックス

非危険場所

① 耐圧防爆型ジャンクションボックス
② 耐圧防爆型ユニバーサル（エルボ　ティー）
③ 耐圧防爆型シーリングフィッチング
④ 耐圧防爆型ケーブルグランド
⑤ 耐圧防爆型ドレンフィッチング
⑥ フレキシブルフィッチング
⑦ ドレンプラグ
⑧ 鋼製電線管、配管用炭素鋼鋼管
⑨ 鋼帯外装ケーブル

★施工に関しては客先と十分打ち合わせすること
★危険場所の種類により配線方式、施工方法を
　選定すること
★ケーブルダクト、ケーブルラックを使用する
　場合はケーブルが損傷しない構造とすること

図3.12.2 高圧防爆ケーブル配線の施工例

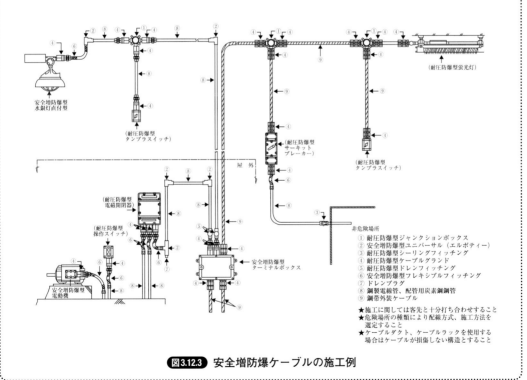

（耐圧防爆型蛍光灯）

安全増防爆型
水銀灯直付型

（耐圧防爆型
タンブラスイッチ）

（耐圧防爆型
サーキット
ブレーカー）

（耐圧防爆型
タンブラスイッチ）

屋　外

（耐圧防爆型
電磁開閉器）

（耐圧防爆型
操作スイッチ）

安全増防爆型
電動機

安全増防爆型
ターミナルボックス

非危険場所

① 耐圧防爆型ジャンクションボックス
② 安全増防爆型ユニバーサル（エルボティー）
③ 耐圧防爆型シーリングフィッチング
④ 耐圧防爆型ケーブルグランド
⑤ 耐圧防爆型ドレンフィッチング
⑥ 安全増防爆型フレキシブルフィッチング
⑦ ドレンプラグ
⑧ 鋼製電線管、配管用炭素鋼鋼管
⑨ 鋼帯外装ケーブル

★施工に関しては客先と十分打ち合わせすること
★危険場所の種類により配線方式、施工方法を
　選定すること
★ケーブルダクト、ケーブルラックを使用する
　場合はケーブルが損傷しない構造とすること

図3.12.3 安全増防爆ケーブルの施工例

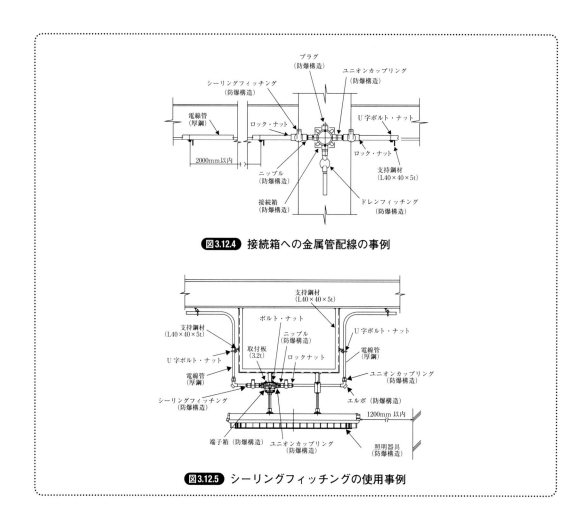

図3.12.4 接続箱への金属管配線の事例

図3.12.5 シーリングフィッチングの使用事例

3.12.5 シーリングの施工方法

　金属管配線における電線管路のシーリング施工について、使用器材、施工手順、シーリングダムの作り方とシーリングコンパウンドの充填方法を示します。

▶使用器材

　シーリングの施工には、次のような器材および作業用具を使用します。

(シーリングフィッチング)

　シーリングフィッチングは、電線管路の一部分を構成し、内部にシーリングコンパウンドを充填するように作られた電線管用付属品です。以下に示すように、縦形、横形、ドレン形の3種類のものがあり、用途に応じて使い分けます。

　縦形シーリングフィッチングは垂直管路にシーリングを施すためのもの、横形シーリングフィッチングは主として水平管路にシーリングを施すためのものです。また、ドレン形シーリングフィッチングは、シーリングとドレン（除滴）の目的を兼ねて垂直管路に用いられます。

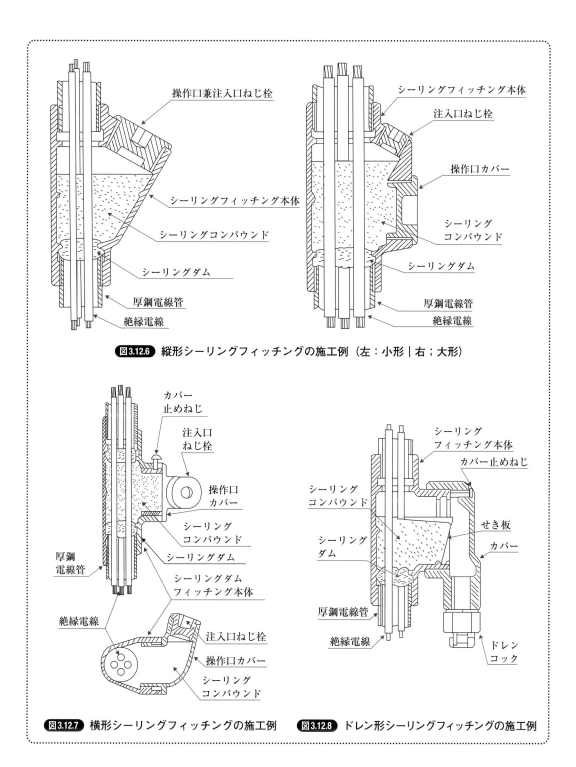

図3.12.6 縦形シーリングフィッチングの施工例（左：小形｜右；大形）

図3.12.7 横形シーリングフィッチングの施工例

図3.12.8 ドレン形シーリングフィッチングの施工例

シーリングコンパウンド

　シーリングコンパウンドは、シーリングフィッチングなどに充填してシーリングの目的を果たすための混和物です。現在市販されているものは、すべて水硬性の無機質粉末で、水または付属の溶液を加えると水和反応を起こして硬化します。

シーリングコンパウンドは、銘柄によって性質が異なるので、必ず使用説明書に従って使用します。また、湿気によって変質しやすいので、保管するときは容器を密閉しておく必要があります。特にドレン形シーリングフィッチングには、できるだけ透水性のない硬化物が得られるシーリングコンパウンドを使用することが望ましいです。

シーリングファイバ

シーリングファイバは、シーリングダム（シーリングコンパウンドの流出防止用区画）を作るための繊維状物質です。大抵はロックウール、ガラスウールなどの不燃性のものが用いられ、シーリングコンパウンドに付属して供給されます。

作業用具

作業用具としては、一般に次のようなものを使用します。

表3.12.5 主な作業用具

シーリングコンパウンドの混合容器	使用量に対して容積に余裕があるボウル状のもの（金属製または合成樹脂製）がよい
シーリングコンパウンドのかくはん棒	直径1～2cmの先端が丸い丈夫な丸棒がよい
シーリングダムの操作工具	丈夫で電線の被覆を傷付ける恐れがない竹のへら、鶴首ピンセットなどがよい

▶施工手順

電線管路のシーリングは、一般に次の手順によって施工します。

1 シーリングフィッチングを電線管路の要所に設置します。このとき、厚鋼電線管を有効山数5山以上（爆発等級3またはグループ IIC の場合には6山以上）ねじ込み接続し、必要に応じてねじ部に防食または防水の処置をします。

2 電線の被覆を傷付けないように注意しながら通線し、通線した後に誤配線がないことを確認します。

3 シーリングフィッチングの操作口カバーを開け、シーリングファイバを用いて所定の位置にシーリングダムを作ります。

4 操作口が注入口と別に設けられているものでは、シーリングダムの作成後、操作口カバーをしっかりと取り付けます。

5 シーリングコンパウンド粉末を使用説明書に従って水または付属の溶液と混合し、それを注入口からシーリングフィッチング内部に必要かつ十分な量を充填します。

6. 充填したシーリングコンパウンドが硬化したことを確認してから、注入口のねじ栓をしっかりと締めます。

7. シーリングを防爆電気機器の上方に設けた場合には、シーリングコンパウンドまたはその水分が流出して防爆電気機器に害を及ぼしていないかどうかを点検します。

▶シーリングダムの作り方

流動状態にあるシーリングコンパウンドの流出防止や電線の離隔を狙いとして、以下の手順でシーリングダムを作ります。

1. 操作工具を用い、シーリングファイバをシーリングダム作成部の近くの電線の周りに、必要な量だけ軽く巻き付けます。このとき、まず電線の後ろにシーリングファイバを詰め、それから電線の間に詰め、最後に電線の手前に詰めるのが好ましい作業順序です。電線がこわばっていて電線間にシーリングファイバを詰めにくいときは、木のくさびを差し込むなどすると作業がしやすくります。

2. 電線の回りに詰めたシーリングファイバを、シーリングダムの作成部位に押し込みます。このとき、シーリングファイバの端が器壁または電線に沿って上方へ突き出ていると、シーリングコンパウンドを充填した状態で爆発火炎などの漏えい通路を作る恐れがあるので注意が必要です。

3. 操作口が注入口と兼用になっている小形の縦形シーリングフィッチングでは、操作口兼注入口ねじ栓を開けて充填室の下部にシーリングダムを作ります。

4. 操作口が注入口と別に設けられている大形の縦形シーリングフィッチングでは、操作口カバーを開けて充填室の下部にシーリングダムを作り、それから操作口カバーをしっかり取り付けます。

5. 横形シーリングフィッチングでは、注入口の付いた操作口カバーを外して充填室の両端にシーリングダムを作り、それから注入口が上方を向くように操作口カバーを取り付けます。

6. ドレン形シーリングフィッチングでは、ドレンコックの付いたカバーとせき板を外して充填室の下部にシーリングダムを作り、それからせき板を正しく取り付け、隙間がある場合は適当な防水剤などを用いて漏れないように処置します。

▶シーリングコンパウンドの充填方法

使用するシーリングコンパウンドの性質をよく理解し、固くて欠陥のない充填層を得るため、次の手順で充填します。

1. 清浄な混合容器に、必要量の水（付属溶液があるものはその溶液）を計量して取ります。このとき、混合容器に硬化したシーリングコンパウンドのカスや異物が付着していると、硬化物の強度が低下するなどの害があります。また、海水や温水を用いると硬化が異常に促進されたりするので注意が必要です。

2. 適量の粉末を取り、それを混合容器の中の水または溶液に少しずつ散布するようにして加えます。1カ所に固めて粉末を加えないこと、また、先に散布した粉末に水が浸透してから次の散布を行うことが重要です。

3. 粉末に水または溶液が浸透したら、混合容器に少し振動を与えて気泡を抜き、かくはん棒を用いて1分間に60回転くらいのゆっくりした速度で1〜2分間満遍なく混合します。かくはん速度が早過ぎると気泡の混入を招き、また、かくはん時間が長いと注入作業時間が短縮されます。

4. 混合済みのシーリングコンパウンドを、かくはん棒でかい出すようにして手際よくシーリングフィッチング内へ注入します。まず8分目くらいまで注入して、それを軽く突つくか、シーリングフィッチングをたたくなどをして隅々まで入り込ませ、それから残部を充填するのがコツです。なお、注入作業中にシーリングコンパウンドが硬化し始めたら、注入を止めて残部を廃棄します。また、充填したシーリングコンパウンドが硬化し始めたら、完全に硬化するまで動かさないよう注意します。

5. ドレン形シーリングフィッチングでは、充填したシーリングコンパウンドに流動性がなくなるころを見計らって、せき板の中央上部の切り込み箇所を切断し、この部分へ侵入水が流れて来るように充填層の上面に勾配を付けます。

▶接地

低圧の電気機械器具の外箱、鉄枠、照明器具、可搬型機械器具、キャビネットおよび金属管とその付属品などの露出した金属製部分には、規定にかかわらず、すべてC種接地工事を施します（内線規程3415-6）。ただし、地気を生じたときに電路を自動的に遮断する保護装置を設けた場合は接地抵抗値を100Ω以下とすることができます。

3.13 接地工事

 接地工事とは

電気設備の必要な箇所には、異常時の電位上昇や高電圧の侵入等により感電、火災、その他人体に危害を及ぼし設備等への損傷を発生させないように、電流が安全に確実に大地に通じることができるように施工しなければいけません。接地工事はこの施工を目的として行われるものです。

3.13.1 接地工事の注意事項

接地工事の施工では、以下の項目に注意して行います。

- ✓ 接地極の種別、数、相互間隔
- ✓ B種接地抵抗値の確認（電力会社との協議）
- ✓ 接地極板と接地銅線の接続工法
- ✓ 接地線の建屋内引込の際の水切り工法
- ✓ 接地工事の種類と接地線のサイズ
- ✓ 接地導線相互間・鉄骨との絶縁（接地線が混触していると、正確な接地抵抗値の測定ができない）
- ✓ 接地端子盤内の端子への記号（EA・EB・ED・測定用P・測定用Cなど）および接地極側・機器側の表示
- ✓ 正確な施工記録（敷設年月日・天候・敷設位置・接地抵抗値・接地種別・測定者・立会者・測定計器など）
- ✓ 地盤沈下対策
- ✓ 接地抵抗値が高く、要求値が出にくいと予想される場合の対策工法（化学品などによる接地抵抗低減剤の併用・メッシュ工法・低接地抵抗箇所の接地極からの接地線の延長配線）

3.13.2 接地工事の種類

接地工事の種別は大きく分けて4種類あります。電技解釈第17条（接地工事の種類および施設方法）で、A種接地工事、B種接地工事、C種接地工事、D種接地工事が規定されています。

▶ A種接地工事

高電圧への侵入の恐れがあり、かつ、危険度の大きい場合に要求されるものに施します。主な接地工事箇所には、変圧器によって特別高圧電路に結合される高圧電路に施設する放電装置の接地（電技解釈第25条）、特別高圧計器用変成器の2次側電路（電技解釈第28条第2項）、高圧または特別高圧用機器の鉄台（ベース）および金属製外箱の接地（電技解釈第29条第1項）、高圧および特別高

圧電路に使用する管その他のケーブルを収める防護装置の金属製部分、金属製の電線接続箱および
ケーブルの被覆に使用する金属体の接地（電技解釈第111条、第168条、第169条）などがあります。

▶B種接地工事

高圧または特別高圧が低圧と混触する恐れがある場合に、低圧電路の保護のために施設します。
主な接地工事箇所は、高圧電路または特別高圧電路と低圧電路とを結合する変圧器の低圧側の中性
点、または1端子に施す接地（電技解釈第24条）、高圧電路と低圧電路を結合する変圧器であって、
高圧巻線と低圧巻線との間に設ける金属製の混触防止板に施す接地（電技解釈第24条）があります。

▶C種接地工事

300Vを超える低圧用機器の鉄台の接地（電技解釈第29条）など、漏電による感電の危険度が高
い場合に施します。主な接地工事箇所は、使用電圧300Vを超える低圧配線に使用する金属管、金
属可とう電線管、金属ダクト、バスダクトの接地（電技解釈第159条、第160条～第163条）があ
ります。

▶D種接地工事

300V以下の低圧用機器の鉄台（ベース）および金属製外箱の接地（電技解釈第29条）など、漏
電の際に感電の危険を減少させるために施します。主な接地工事箇所は、高圧計器用変成器の2次
電路の接地（電技解釈第28条）、使用電圧300V以下の低圧配線に使用する金属管、金属可とう電
線管、金属線ぴ、金属ダクト、バスダクト、ケーブル、フロアダクト、セルラダクト、ライティン
グダクトの接地（電技解釈第159条～第165条）があります。

▶接地抵抗値の上限値

接地抵抗値は下表に示す値以下とします。

表3.13.1 接地抵抗値の上限（A種、C種、D種接地工事）

接地工事の種類	接地抵抗値
A種接地工事	10Ω
C種接地工事	10Ω（低圧電路において、地絡を生じた場合に0.5秒以内に当該電路を自動的に遮断する装置を施設するときは500Ω）
D種接地工事	100Ω（低圧電路において、地絡を生じた場合に0.5秒以内に当該電路を自動的に遮断する装置を施設するときは500Ω）

表3.13.2 接地抵抗値の上限（B種接地工事）

接地工事を施す変圧器の種類	当該変圧器の高圧側または特別高圧側の電路と低圧側の電路との混触により、低圧回路の対地電圧が150Vを超えた場合に、自動的に高圧または特別高圧の電路を遮断する装置を設ける場合の遮断時間	接地抵抗値〔Ω〕
	下記以外の場合	$150/I_g$
高圧または35,000V以下の特別高圧の電路と低圧電路を結合するもの	1秒を超え2秒以下	$300/I_g$
	1秒以下	$600/I_g$

★ I_g は当該変圧器の高圧側または特別高圧側の電路の1線地絡電流（単位：A）

3.13.3 接地線の太さ

接地線の太さ（最小の太さ）と具体的な工事方法は、電技解釈第17条で規定されています。

接地線の太さは、接地工事の種類に応じて**表3.13.3**に示す太さの軟銅線、またはこれと同等以上の強さおよび太さの容易に腐食しがたい金属線であって、故障の際に流れる電流を安全に通ずることができるものを使用します。また、移動して使用する電気機械器具の金属製外箱に接地工事を施す場合の可とう性を必要とする部分には、**表3.13.4**に示す断面積を満たした接地線を使用します。

表3.13.3 接地線の太さ

接地工事の種類	接地線の種類
A種接地工事	引張強さ1.04kN以上の金属線または直径2.6mm以上の軟銅線
B種接地工事	引張強さ2.46kN以上の金属線または直径4mm以上の軟銅線（高圧電路または電技解釈第108条に規定する特別高圧架空電線路の電路と低圧電路とを変圧器により結合する場合は、引張強さ1.04kN以上の金属線または直径2.6mm以上の軟銅線）
C種接地工事・D種接地工事	引張強さ0.39kN以上の金属線または直径1.6mm以上の軟銅線

表3.13.4 接地線の種類と断面積

接地工事の種類	接地線の種類	接地線の断面積
A種接地工事・B種接地工事	3種クロロプレンキャブタイヤケーブル、3種クロロスルホン化ポリエチレンキャブタイヤケーブル、3種耐燃性エチレンゴムキャブタイヤケーブル、4種クロロプレンキャブタイヤケーブルもしくは4種クロロスルホン化ポリエチレンキャブタイヤケーブルの1心または多心キャブタイヤケーブルの遮へいその他の金属体	$8\,mm^2$
C種接地工事・D種接地工事	多心コードまたは多心キャブタイヤケーブルの1心	$0.75\,mm^2$
	可とう性を有する軟銅より線	$1.25\,mm^2$

3.13.4 機械器具の鉄台や外箱の接地

　機械器具の鉄台や外箱の接地は、電技解釈第29条で使用電圧別に接地工事の種類が規定されています。ベースや外箱には、**表3.13.5**により接地工事を施します。

表3.13.5 機械器具区分と接地工事

機械器具の使用電圧の区分		接地工事
低圧	300 V 以下	D種接地工事
	300 V 超過	C種接地工事
高圧または特別高圧		A種接地工事

3.13.5 接地極の種類

　内線規定では埋設または打込接地極として、次のものが挙げられています。

- ✓ 銅板　　✓ 鉄棒
- ✓ 銅棒　　✓ 銅覆鋼板
- ✓ 鉄管　　✓ 炭素被覆鋼棒など

　上記のほか、建築仮設に使用されているH鋼を利用する場合もあります。これら接地極は、なるべく水気のある所で、かつ、ガスや酸などで腐食する恐れがない場所を選び、地中に埋設または打ち込みます。

3.13.6 接地極と接地線の接続

　接地極と接地線の接続は、ろう付けなどの確実な方法で、電気的、機械的に堅ろうに接続してください。銅板と接地線との接続方法は、一般的にテルミット溶接方法が用いられています（**図3.13.1**）。テルミット溶接とは、熱化学反応を応用した溶接です。接合部の通電性がとてもよく、腐食しにくい特徴があります。

図3.13.1 接地極用の銅板

接地棒のリード線と接地線の接続は、圧縮・圧着方法が用いられています（**図3.13.2**）。

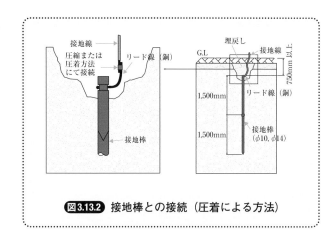

図3.13.2 接地棒との接続（圧着による方法）

3.13.7 接地極の施工方法

接地極は、低い接地抵抗を得るために種々の施工方法が用いられています。

▶施工上の注意点

1. 接地極は、地下75 cm以上の深さに埋設します（**図3.13.3**）。

2. 他の接地極との離隔は、避雷用、弱電用で2 m以上離します。

3. 避雷用引下銅線を施設してある支持物には、接地線を施設できませんので注意します。

4. 接地極は、接地抵抗が測定できるよう直線上に約10 m間隔で埋設するか、または測定用補助極（P極・C極）を埋設します。

▶施工方法

埋設作業は、工事関係者の立ち会いの元で行い、埋設状況写真、接地抵抗測定値を記録します。施工方法には、銅板の埋設、接地棒および鋼管の打ち込み、メッシュ工法などがあります。

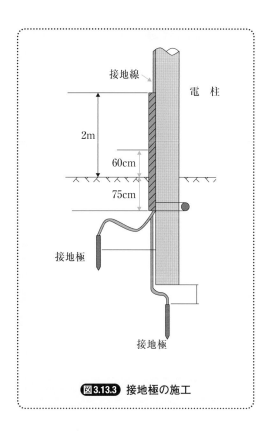

図3.13.3 接地極の施工

（測定器と工具）

測定器は、一般的に電池式接地抵抗計が用いられています。工具は、スコップ、つるはし、大ハンマ、接地棒打込器、鋼管打込器、圧着器を使用します。

接地銅板の埋設（900 mm × 900 mm × 1.6t）には、板を垂直に埋設する方法と、水平に埋設する方法があります。

垂直埋設は、所定の深さに穴を掘り、穴の中心に銅板を入れ、銅板の両面より均等に土を入れます。銅板の1/3ぐらい埋め戻して周囲の土から突き固めたら、その状態で接地抵抗を測定し、所要値が得られるかを確認します。値が得られない場合は、補助（接地棒など）を設けるなどの接地抵抗低減策を講じます（**図3.13.4**）。

水平埋設は、所定の深さに穴を掘り、穴の中に銅板を水平に入れ、銅板の上に均等

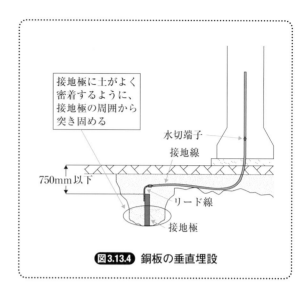

接地極に土がよく密着するように、接地極の周囲から突き固める

水切端子
接地線
750mm以下
リード線
接地極

図3.13.4 銅板の垂直埋設

に土を約100 mm程度埋め戻し、土を突き固めます。以下の手順は、垂直埋設と同じです。

連結式接地棒の打ち込み

接地棒は、一般的には外径10 mmと14 mmがあり、全長は1.5 mです。

専用打込器を使用する場合は、接地棒をガイドパイプの上端から挿入して、接地棒の先端を底部ナットから300 mm程度出し、接地棒の先端を打ち込み地点に当てます。その後、ハンマパイプを握って垂直の状態で上に持ち上げ、下に打ち付けながら上下運動を行い、打ち込みます。接地棒の白線表示が出るまで、繰り返し打ち込みます。表示が出たら打込器を引き抜き、改めて鉄ピンの上に打込器の底部の穴をはめこみ、打ち込みます。

1本打ち込んだら抵抗値を測定し、規定値に達しない場合はペンチで鉄ピンを引き抜き、2本目の接地棒を打込器に挿入します。先端を約200 mm出し、鉄ピンを引き抜いた箇所に入れ、連結させて打ち込みます。連結は3〜4本程度可能です。

土質により打込器の使用ができない場合は、人ハンマまたは電動ハンマなどを用いて打ち込みます。

図3.13.5 接地棒の打込器

鋼管の打ち込み

直径30 mm程度の亜鉛めっき鋼管を、管径を変えながら継ぎ足して打ち込んでいく工法で、電動式打込器を使用して深く打ち込むことにより、低い接地抵抗値を得ることができます。

メッシュ接地工法は、裸銅線と接地棒による工法で、変電所などの接地極として用いられます。

深さ150〜200 mmの溝を放射状または網目状に堀り、溝の底部に裸銅線を延線し、約10 m間隔に接地棒を打ち込み、リード線と裸銅線をT型コネクタを用いて圧縮接続を行います。低い接地抵抗値を得ることができます。

測定は、電圧降下法で行います。なお、通常使用している電池式接地抵抗計では誤差が大きく、測定できません。

図3.13.6 メッシュ接地工法の様子

銅板の埋設および接地棒を深く打ち込んでも接地抵抗値が規定値に達しない場合は、接地棒を単独に数本打ち込んで、それらを裸銅線で並列に接続します。また、低減剤を用いて規定の抵抗値にします。接地棒と接地棒の間隔は3 m以上離して打ち込むことが望ましいです。

3.13.8 接地線の施工

一般的に、接地線は600 Vビニル絶縁電線の緑色が用いられます。やむを得ず緑色または緑黄色の、縦しま模様のあるもの以外の絶縁電線を接地線として使用する場合は、端末および適当な箇所に緑色テープなどにより、接地線であることを表示しなければいけません。

▶接地線の倒れ防止

接地極埋設後、接地線が捨てコンクリート打設などで倒れないように補強材（鉄筋・パイプ）を立てて結束します。

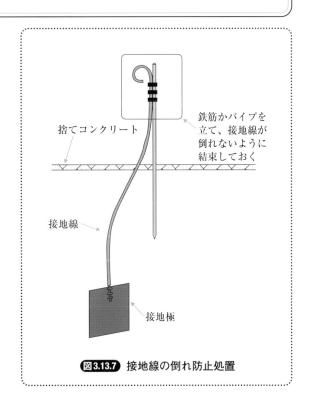

捨てコンクリート

鉄筋かパイプを立て、接地線が倒れないように結束しておく

接地線

接地極

図3.13.7 接地線の倒れ防止処置

▶浸水防止（水切端子の取り付け）

　接地線は、埋設地点から所定の位置（端子盤）までの配線の途中で1カ所以上、水切端子を用いて接地線に接続箇所を設けて、素線間の毛細管現象による浸水防止処理を施します。

　水切端子と接地線の裸部分は、鉄筋、鉄骨に直接接触させないように配線します。なお、絶縁ゲージを取り付けることにより鉄筋や鉄骨に触れることがなくなります。また、接地端子盤への配線は、接地線立ち上げ箇所には合成樹脂管を用いて配管し、配線を行います。

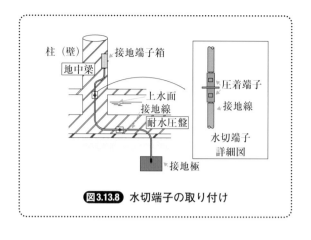

図3.13.8 水切端子の取り付け

図3.13.9 水切端子

図3.13.10 水切端子の絶縁ゲージ

▶接地端子盤

　端子盤内には、種別や接地極側、機器側などを明示します。定期点検用として、渡り可動バーを設けることが望ましいです。

▶機器端子への接続

　機器および盤の接地端子台への接続は、端子台に適合する方法を用います。圧着端子を用いる場合は、ボルト、ねじ径に適合するものを使用し、ナット、ねじを確実に締め付け、電気的に正しく接続してください。

3.14 試験検査

試験検査の目的

受変電設備を安全に使用するためには、各種の規定や施工図、工事の計画通り施工されているかを確認する必要があります。確認方法としては主に、絶縁抵抗計、接地抵抗計、絶縁耐力試験装置、保護継電器試験装置などを用いて検査を実施します。

3.14.1 検査項目の種類

自家用電気工作物の使用前自主検査には、主に下記の **1** ～ **10** のような検査項目があります。検査項目ごとに試験成績を作成し、記入します。

- **1** 外観検査
- **2** 接地抵抗測定試験
- **3** 絶縁抵抗測定試験
- **4** 絶縁耐力試験
- **5** 保護継電器試験
- **6** インターロック試験
- **7** 保護連動試験
- **8** 低電圧試験
- **9** 停復電試験
- **10** 機器銘板確認

3.14.2 外観検査

外観検査では、現地に据え付けてあるキュービクルや配電盤などの据え付け状況、主回路の締め付け、増締めの確認および電線の接続具合や電技に適合している工事が施工されているかをチェックします。また、仕様書通りの機器が施設されているかを確認して、碍子や各計器類が損傷していないかも確認してください。その他、工事の計画に従って工事が行われていることや電技に適合していることを目視または書類などにより確認します。

▶主な検査箇所

✓ 中性点直接接地式電路に接続する変圧器には、油流出防止設備が施設されていること（電技省令第19条第10項）

✓ 必要な箇所に所定の接地が行われていること（電技解釈第17条～第19条、第21条、第22条、第24条、第25条、第27条～第29条、第37条）

✓ 高圧または特別高圧用の機械器具の充電部が、取扱者が容易に触れないように施設されていること（電技解釈第21条、第22条）

✓ アークを発生する器具と可燃性物質との離隔が十分であること（電技解釈第23条）

✓ 高圧または特別高圧電路中の過電流遮断器の開閉状態が容易に確認できること（電技解釈第34条）

✓ 高圧および特別高圧の電路において電線および電気機械器具を保護するため必要な箇所に過電流遮断器が施設されていること（電技解釈第34条、第35条）

✓ 高圧および特別高圧の電路に地絡を生じたときに自動的に電路を遮断する装置が必要な箇所に施設されていること（電技解釈第36条）

✓ 高圧および特別高圧の電路において、架空電線の引込口および引出口またはこれに近接する箇所に避雷器が施設されていること（電技解釈第37条）

✓ 変電所、開閉所もしくはこれらに準ずる場所（以下「変電所等に準ずる場所」と言う）の周囲に、柵、塀等が施設されており、出入口に施錠装置および立入禁止表示が施設されていること（電技解釈第38条）

✓ 変電所等に準ずる場所の周囲の柵、塀等の高さと柵、塀等から特別高圧の充電部までの距離との和が規定値以上であること（電技解釈第38条）

✓ ガス絶縁機器等の圧力容器が規定通り施設されていること（電技解釈第40条）

✓ 特別高圧用の変圧器、電力用コンデンサまたは分路リアクトルおよび調相機に必要な保護装置が施設されていること（電技解釈第43条）

✓ 検査の対象となる電気工作物が工事計画書の記載事項通りに施設されていること

3.14.3 接地抵抗測定試験

　電気設備の必要な箇所には、異常時の電位上昇や高電圧の侵入等により、感電、火災、その他人体に危害を及ぼし設備等への損傷を発生させないように、電流が安全に確実に大地に通じることができるように施工しなければなりません。測定に関しては機器ごとに接地する「単独接地（直読式接地抵抗計による測定方法）」か、「網状接地（電圧降下法による測定方法）」が望ましいです。なお、電圧降下法による測定は、試験電流を流す補助極（C）や電圧を測定する補助極（P）の配置が広範囲に及ぶため、十分な計画が必要になります。接地抵抗値は、下表に示す値以下であることを確認します。

表3.14.1 接地抵抗値の上限（A種、C種、D種接地工事）

接地工事の種類	接地抵抗値
A種接地工事	10 Ω
C種接地工事	10 Ω（低圧電路において、地絡を生じた場合に0.5秒以内に当該電路を自動的に遮断する装置を施設するときは500 Ω）
D種接地工事	100 Ω（低圧電路において、地絡を生じた場合に0.5秒以内に当該電路を自動的に遮断する装置を施設するときは500 Ω）

表3.14.2 接地抵抗値の上限（B種接地工事）

接地工事を施す変圧器の種類	当該変圧器の高圧側または特別高圧側の電路と低圧側の電路との混触により、低圧電路の対地電圧が150Vを超えた場合に、自動的に高圧または特別高圧の電路を遮断する装置を設ける場合の遮断時間	接地抵抗値〔Ω〕
	下記以外の場合	$150/I_g$
高圧または35,000 V以下の特別高圧の電路と低圧電路を結合するもの	1秒を超え2秒以下	$300/I_g$
	1秒以下	$600/I_g$

★ I_g は当該変圧器の高圧側または特別高圧側の電路の1線地絡電流（単位：A）

▶機器ごとに接地する「単独接地」

機器ごとに接地する単独接地は、直読式接地抵抗計による測定を行います。試験手順は次の通りです。

1 接地極埋設図より測定しようとする接地極（E）および補助接地極（P）（C）の間隔が5〜10 mになるように選定し、E-P-Cがほぼ一直線上にあるように接続します（**図3.14.2**）。建造物やその他の障害物がある場合でも、**図3.14.3**のようにP点の角度が約100度以上であれば、ほとんど誤差なく測定することができます。

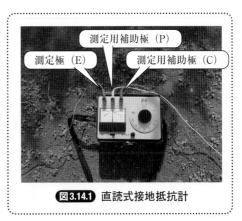

図3.14.1 直読式接地抵抗計

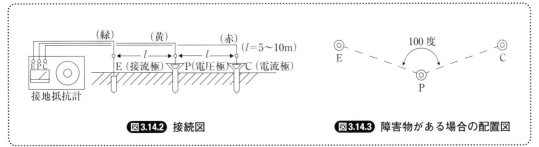

図3.14.2 接続図　　　　**図3.14.3** 障害物がある場合の配置図

2 接地端子盤で、機器側と接地極側のバーを切り離します。

3 接地抵抗計のE端子、P端子、C端子より測定をしようとする接地極（E）（P）（C）に配線を接続します。

4 接地抵抗計の切り換えスイッチをBマーク（電池電圧チェック）の場所に切り換え、PUSHボタンを押して計器の表示範囲ないであることを確認し、バッテリーの残量が基準値内であることを確認します。

5 接地抵抗計の切り換えスイッチをVマーク（地電圧チェック）の場所に切り換え、地電圧チェックが10 V以下であることを確認します。10 Vを超えていると正しく測定できませんので注意しましょう。

6 接地抵抗計の切り換えスイッチをΩマーク（接地抵抗測定）の場所に切り換え、PUSHボタンを押しながらメモリダイヤルを左右に回し検流計が振れることを確認します。

7 検流計のバランスを取り、検流計が0になる部分に合わせたときのメモリダイヤルの数値を読み取ります。

8 接地抵抗計の配線を外し、接地端子盤で機器側と接地極側のバーを接続したら終了となります。なお、測定用補助極として付属のリード線（10 m、20 m）を使用した測定方法は、**図3.14.5**を参照してください。

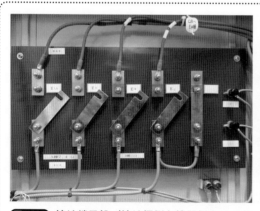

図3.14.4 接地端子盤（接地極側と機器側を切り離す）

図3.14.5 測定用補助極を使用した測定方法（（P）が10 m、（C）が20m）

3.14.4 絶縁抵抗測定試験

配線に使用する電線は、感電または火災の恐れがないように、施設場所の状況および電圧に応じ、使用上十分な強度と絶縁性能を有するものである必要があります。絶縁抵抗計は、一般に「メガー」と呼ばれます。使用電圧に応じて絶縁抵抗計を選び、測定を実施します。

▶ 低圧の電路の絶縁性能

電気使用場所における使用電圧が低圧の電路の場合、電線相互間および電路と大地との間の絶縁抵抗は、開閉器または過電流遮断器で区切ることのできる電路ごとに、下表の左欄に掲げる電路の使用電圧の区分に応じ、右欄に掲げる値以上でなければなりません。絶縁抵抗計の使用電圧の選定は、回路ごとの定格使用電圧に応じ125 V、250 V、500 Vの絶縁抵抗計を使用します。

表3.14.3 使用電圧の区分（電技省令第58条より）

電路の使用電圧の区分		絶縁抵抗値
300 V 以下	対地電圧（接地式電路においては電線と大地との間の電圧、非接地式電路においては電線間の電圧を言う。以下同じ）が 150 V 以下の場合	0.1 MΩ
	その他の場合	0.2 MΩ
300 V を超えるもの		0.4 MΩ

▶ 高圧の電路の絶縁性能

高圧および特別高圧の電路については、大地や他の電路（多心ケーブルにあっては他の心線、変圧器にあっては他の巻線）と絶縁されていることを確認します。電技解釈では絶縁抵抗値についての規定がありません。**表3.14.4** は、公共建築工事標準仕様書で示されている値で、これを絶縁抵抗値の1つの管理基準の参考とします。

表3.14.4 絶縁抵抗値（公共建築工事標準仕様書　電気設備工事編より）

測定箇所	絶縁抵抗値〔MΩ〕
特別高圧と大地間	100以上
1次（高圧側）と2次（低圧側）間	30以上
1次（高圧側）と大地間	

★1　絶縁抵抗試験を行うのに不適切な部分は、これを除外して行う
★2　盤1面に対しての絶縁抵抗値とする

▶ 絶縁抵抗計による低圧回路の測定方法

1 ここでは、**図3.14.6** に示す絶縁抵抗計を使用します。測定対象物の開閉器が「OFF」であることを確認します。

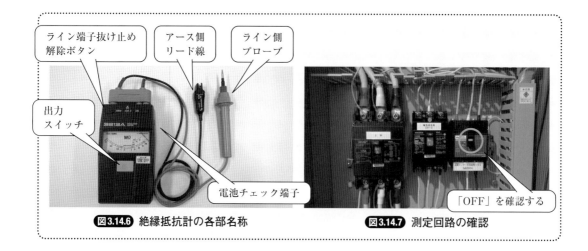

ライン端子抜け止め
解除ボタン

アース側
リード線

ライン側
プローブ

出力
スイッチ

電池チェック端子

「OFF」を確認する

図3.14.6 絶縁抵抗計の各部名称

図3.14.7 測定回路の確認

② 絶縁抵抗計の機能を確認します。ライン側プローブを電池チェック端子に触れさせて、指針が
目盛板上の電池チェック用マーク（BAT）内を示していることを確認します。

③ ライン側プローブとアース側リードを短絡して出力スイッチを押し、指針が0MΩの目盛線内
を示していることを確認します。

④ アース側リード線をアースに接続して、測定対象物にライン側プローブを接触させます。

⑤ 絶縁抵抗計に内蔵されている交流電圧
計で、無電圧を確認します。

⑥ 出力スイッチを押し測定を開始します。

⑦ 出力スイッチを押したまま指針が示す
数値を読み取ります。

⑧ 出力スイッチを離し、測定終了となり
ます。

図3.14.8 絶縁抵抗測定の様子

3.14.5 絶縁耐力試験

　絶縁耐力試験は、現場に据え付けられた電力機器の絶縁が、電路の常規電圧に対してはもちろん
のこと、事故時や遮断時に発生する異常電圧に対しても十分耐え得るかを確認するために行います。
高圧または特別高圧の電路および機械器具の電路と大地との間（多芯ケーブルにあっては、心線相
互間および心線と大地との間）に連続して10分間加えたとき、これに耐える性能が必要になります。

▶試験電圧の選定

試験電圧については、**表3.14.5**および**表3.14.6**より試験電圧を算出します。

表3.14.5 試験電圧（電技解釈第15条より）

電路の種類		試験電圧
最大使用電圧が 7,000 V 以下の電路	交流の電路	最大使用電圧の1.5倍の交流電圧
	直流の電路	最大使用電圧の1.5倍の直流電圧または1倍の交流電圧
最大使用電圧が 7,000 V を超え、60,000 V 以下の電路	最大使用電圧が15,000 V 以下の中性点接地式電路（中性線を有するものであって、その中性線に多重接地するものに限る）	最大使用電圧の0.92倍の電圧
	上記以外	最大使用電圧の1.25倍の電圧（10,500 V 未満となる場合は、10,500 V）

▶受電方式の計算例

一般的な受電方式の計算例を下記に示します。

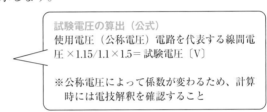

公称電圧 6,600 V の交流の電路

$6,600 \times 1.15/1.1 \times 1.5 = 10,350$ V

試験電圧は 10,350 V となります。

試験電圧の算出（公式）
使用電圧（公称電圧）電路を代表する線間電圧 $\times 1.15/1.1 \times 1.5 =$ 試験電圧〔V〕

※公称電圧によって係数が変わるため、計算時には電技解釈を確認すること

▶試験電圧の印加範囲の設定

単線結線図などで試験電圧の印加される範囲と除外機器等を確認して色などを塗ると、非常にわかりやすくなります。

試験電圧を印加するときには、電力会社の架空線やケーブルに試験電圧が印加されないように注意する必要があります。また、VCT（計器用変圧変流器）に関しては、電力会社との協議により試験の対象にするか除外するかを確認する必要があります。

▶絶縁耐力試験時の予想される充電電流の計算方法の手順

1 高圧回路で施設されている高圧ケーブルの種類と太さを調べます。

2 ケーブルメーカーの電線便覧より静電容量を調べます。

3 静電容量より充電電流を計算します。

4 充電電流計算値より補償リアクトルを選びます。

公称電圧が6,600Vの高圧回路（交流絶縁耐力試験）の充電電流の計算例を示します。高圧ケーブルの静電容量の合計が0.2μFの場合、計算式は次のようになります。

$$I = 2\pi f C V$$

I：充電電流

π：3.14（円周率）

f：50 Hz（周波数）

V：10,350 V（試験電圧）

$$I = 2 \times 3.14 \times 50 \times 0.2 \times 10^{-6} \times 10,350$$
$$= 0.65 \text{A}$$

▶補償リアクトルの選定方法

交流絶縁耐力試験の実施にあたり、絶縁耐力試験装置には型式により容量が定められています。通常の絶縁耐力試験において、高圧ケーブルなどのキャパシタンスが存在する回路では進み電流が流れるため、絶縁耐力試験装置単体では容量が足りなくなる場合があります。高圧の発生部に対し、並列に補償リアクトルを接続します。リアクトルを接続することにより、遅れ電流を供給して結果的に試験装置の入力電流を小さくすることができます。

補償リアクトルの計算例

定格電圧が11kV、定格容量2kVAの耐電圧試験用リアクトルの場合は、

2,000 VA / 11,000 V＝ <u>0.181 A</u>　← 定格電流は、定格容量を定格電圧で除して算出

となります。これを試験電圧10,350Vに換算します。電圧の比率を計算すると以下のように計算できます。

11,000 V/10,350 V＝1.06　← 定格電圧と試験電圧の比を計算

0.181 A/1.06＝ <u>0.170 A</u>　← 定格電流と試験電圧の比を用いて、試験電圧時の補償できる電流値を算出

上記の計算を元に、試験電圧10,350Vのときの補償リアクトルの補償電流を**表3.14.7**に示します。

表3.14.6 リアクトル補償の定格容量と補償電流

定格電圧／定格容量	定格電圧時の補償電流	10,350V時の補償電流	10,350V時の損失電力
11 kV／2 kVA	0.181 A	0.170A	109W
11 kV／3 kVA	0.272A	0.256A	152W
11 kV／5 kVA	0.454A	0.428A	253W

計算で求めた充電電流が試験器の定格容量を超える場合、または試験用電源の容量が足りない場合には、補償リアクトルを接続します。

　例えば計算した充電電流が0.65Aであった場合、仮に絶縁耐力試験装置の定格容量が0.428Aとすると予想される充電電流では試験装置の容量が足りません。そこで、補償リアクトルを接続します。**表3.14.6**の補償リアクトルを選び差し引いた値が、なるべく0に近くなるように選択します。充電電流とリアクトル補償電流の差は以下のようになります。

$$0.65\,\text{A（充電電流）}-0.428\,\text{A（5\,kVA）}-0.170\,\text{A（2\,kVA）}=\underline{0.052\,\text{A}}$$

　今回の例では、補償リアクトルは2kVA、5kVAを使用するので損失は**表3.14.6**より、109＋253＝362Wとなります。10,350V時には362×1/10,350＝0.035Aとなります。よって試験用変圧器の出力側では$I=\sqrt{0.052^2+0.035^2}=0.062$ Aとなり入力電源側では変圧器の変成比が11,000/110＝100となり試験器側の電源入力は0.062×100＝6.2Aとなることによって、試験用電源が15AのMCCBで実施することができます。

▶**試験手順**

　ここでは定格電圧11kV定格容量2kVA、および定格電圧11kV定格容量5kVAの補償リアクトルを接続した試験の手順を示します。試験は、交流絶縁耐力試験装置を使って実施します。

[1] 絶縁耐力試験の対象物の回路構成を**図3.14.9**のようにします。断路器、遮断器などの開閉器の状態（入・切）を作り、除外機器を回路から切り離します。

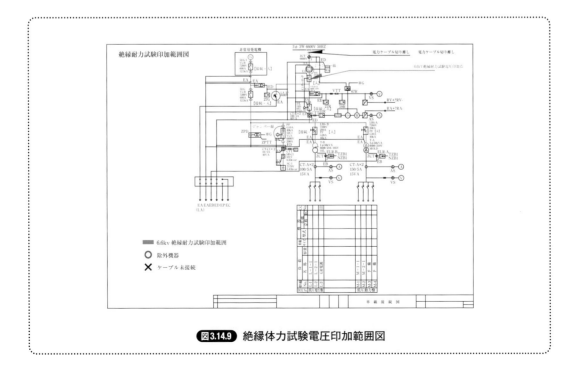

図3.14.9 絶縁体力試験電圧印加範囲図

2 計器用変成器、計器用変圧器、変圧器2次など、必要な箇所に三相短絡接地を施します。

3 試験電圧印加点を**図3.14.10**のように三相短絡し、試験電圧印加用の電線を接続します。

4 周囲および試験電圧の印加範囲の安全確認を実施します。

5 絶縁耐力試験前に1,000 Vの絶縁抵抗計を使用して絶縁抵抗を測定します。

6 絶縁抵抗の測定時間は、指針が安定するまで測定します。測定開始後すぐに安定した場合は1分値を採用します。なお、指針が安定せずに徐々に抵抗値が上昇する場合は、最大で3分値で計測します。

7 絶縁抵抗測定後に放電接地をします。

8 絶縁耐力試験装置と試験対象物を試験電圧印加用電線で接続します。**図3.14.11**に示す絶縁耐力試験装置の電源を入れて、1,000 V刻みで5,000 Vまで昇圧します。

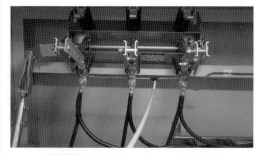
図3.14.10 試験電圧印加点の三相短絡

図3.14.11 絶縁耐力試験装置

9 試験電圧が5,000 Vになったところで、充電電流値が計算で求めた通りの電流が流れているかを確認します。回路や試験装置に異常がある場合は、計算で求めた充電電流値との誤差が発生します。

10 検電を実施して、予定されている範囲に試験電圧が印加されていることを確認します。

11 試験電圧が予定されている範囲に印加されていることを確認し、試験電圧の10,350 Vまで昇圧してから時間計測をスタートします。

12 計測に関しては1分、5分、9分として、試験電圧と充電電流を計測します。

⑬　10分経過した後に電圧計と電流計に変動がないことを確認し、0Vまで降圧します。

⑭　絶縁耐力試験器の電源を切ります。

⑮　試験電圧印加点を検電器で無電圧を確認して、放電接地を実施します。

⑯　絶縁耐力試験装置と試験対象物を試験電圧印加用電線から切り離し、絶縁耐力試験後の絶縁抵抗測定の準備をします。

⑰　絶縁抵抗の測定時間は絶縁耐力試験前と同じ分数で計測します。

⑱　測定終了後に放電接地を実施します。

⑲　最後に絶縁耐力試験のために準備した三相短絡箇所などを確実に復旧するようにします。

図3.14.12　試験電圧印加点の三相短絡

図3.14.13　絶縁耐力試験装置

3.14.6 保護継電器試験

　変電所などの機器や電路等に異常を生じた場合、これを検出して保護継電器が動作します。保護継電器が各メーカーの特性管理値以内の動作特性を有しているか、単体試験により確認して、正常な場合は整定値試験に移行します。

　保護継電器には主に誘導円板形、静止形等の種類が存在します。現在では静止形が主流ですが、既存設備では誘導円板形も見受けられます。高圧受電設備における主な保護継電器の保護要素の種類を**表3.14.7**に示します。なお、以下では停電時の試験方法を中心に解説します。

表3.14.7 保護継電器の種類

継電器の種類	保護要素
過電流継電器（OCR）	過負荷や短絡事故を検出
不足電圧継電器（UVR）	電圧低下または停電などを検出
過電圧継電器（OVR）	電圧上昇を検出
地絡過電圧継電器（OVGR）	地絡電圧を検出
地絡方向継電器（DGR）	地絡した方向を検出（自回線事故か他回線事故かを判断する）
地絡継電器（GR）	地絡を検出

▶保護継電器試験装置の役割

　保護継電器試験を実施するためには電圧と電流を出力し、なおかつ位相、時間計測などの要素を測定できる試験装置が必要です。**図3.14.14**に示す保護継電器試験装置は、主に電流継電器（OCR、UVR、OVR）および電圧継電器（UVR、OVR）の測定に使用します。**図3.14.15**に示す位相特性試験器は、主に地絡過電圧継電器（OVGR）と地絡方向継電器（DGR）の試験時に使用します。**図3.14.16**に示すGR特性試験器は、主に地絡継電器（GR）の測定に使用します。

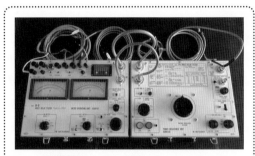
図3.14.14 携帯用保護継電器試験装置

　保護継電器試験に使用する試験装置は校正がされており、校正有効期限が切れていないかを確認する必要があります。また、使用する計器の校正証明書、試験成績書、トレサビリティ等の書類が揃っているかも併せて確認します。

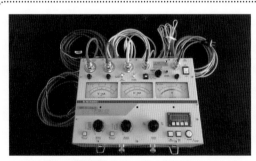
図3.14.15 位相特性試験器

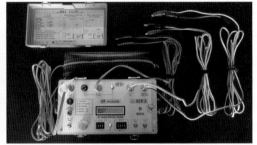
図3.14.16 GR特性試験器

▶試験用端子

　保護継電器試験を実施するために、ほとんどの設備では試験用端子があります。試験用端子（**図3.14.17**）に、試験用プラグ（CTT、VTT）を差し込み、計器用変流器および計器用変圧器の1次側と保護継電器側の2次側を分けます。一般的には、試験用端子の2次側に電圧や電流線を接続し

て試験を実施します。

図3.14.17 試験用端子

図3.14.18 試験用プラグ

▶過電流継電器：試験項目と測定項目

　JIS C4602（2017）［高圧受電用過電流継電器］、JEC-2510［過電流継電器］で規定されている試験項目と測定項目を**表3.14.8**に示します。

表3.14.8 試験項目と測定項目

試験項目	JIS規格の測定項目	JEC規格の測定項目
動作電流特性	限時要素（各動作整定値）	限時要素（各動作整定値）
	瞬時要素（各動作整定値）	瞬時要素（各動作整定値）
動作時間特性	電流整定値の300%の電流を加えたときの動作時間測定	電流整定値の300%の電流を加えたときの動作時間測定
	電流整定値の700%の電流を加えたときの動作時間測定	電流整定値の500%の電流を加えたときの動作時間測定
	―	電流整定値の1,000%の電流を加えたときの動作時間測定

※ 判定基準に関してはJISおよびJECまたは製造メーカーの示す範囲内とする

【 限時要素の動作時間特性試験 】

1 限時電流整定値の300%の電流を試験器から流して整定します。

2 試験器のスタートボタンを押し、限時電流整定値を0%から300%に電流を急変させて保護継電器の動作時間を測定します。

3 限時電流整定値の700%の電流を試験器から流して整定します。

4 試験器のスタートボタンを押し、限時電流整定値を0%から700%に電流を急変させて保護継

電器の動作時間を測定します。

瞬時要素の動作電流特性試験

1 瞬時電流整定を各整定に合わせます。

2 限時電流整定をロックに整定します。

3 試験器より試験電流（単相）を徐々に上げていき、トリップ信号を確認し測定します。各相にて計測します。

瞬時要素の動作時間特性試験

1 瞬時電流整定値の200％の電流を試験器から流して整定します。

2 試験器のスタートボタンを押し、瞬時電流整定値を0％から200％に電流を急変させて保護継電器の動作時間を測定します。

過電流継電器試験時の注意事項

　CTTの試験用プラグから過電流継電器の試験を実施する際には、電流を流す回路に自動力率調整器、トランデュサー、電流計などの機器が接続されたまま大きな電流を流し続けると機器が損傷する恐れがあります。保護継電器の裏面にある電流線を端子台より離線し、保護継電器単体で試験を実施してください。

▶不足電圧継電器：試験項目と測定項目

JEC-2511［電圧継電器］で規定されている試験項目と測定項目は**表3.14.9**に示します。

表3.14.9 試験項目と測定項目

試験項目	JEC規格の測定項目
動作値	各動作整定値
動作時間測定	定格電圧から整定値の70％に急変にて動作時間測定

★ 判定基準に関してはJECまたは製造メーカーの示す範囲内とする

保護継電器試験時の注意事項

　VTTの試験用プラグから不足電圧継電器の試験を実施する際に、VTTの1次側と2次側を間違えて電圧を印加すると、VTを経由し低圧の電圧が高圧にステップアップして高圧の電圧が発生するため非常に危険です。展開接続をよく確認して、VTTの1次側と2次側の配線をテスターやブザーなどで確認をしてください。

▶ 過電圧継電器：試験項目と測定項目

JEC-2511［電圧継電器］で改定されている試験項目と測定項目は**表3.14.10**に示します。

表3.14.10 試験項目と測定項目

試験項目	JEC規格の測定項目
動作値	各動作整定値
動作時間測定	0 Vから整定値の120％に急変にて動作時間測定

★ 判定基準に関してはJECまたは製造メーカーの示す範囲内とする。

過電圧継電器試験時の注意事項

VTTの試験用プラグから過電圧継電器の試験を実施する際に、VTTの1次側と2次側を間違えて電圧を印加すると、VTを経由し低圧の電圧が高圧にステップアップして高圧の電圧が発生するため非常に危険です。展開接続をよく確認し、VTTの1次側と2次側の配線をテスターやブザーなどで確認をしてください。

▶ 地絡過電圧継電器：試験項目と測定項目

JEC-2511［電圧継電器］規定されている試験項目と測定項目を**表3.14.11**に示します。

表3.14.11 試験項目と測定項目

試験項目	JEC規格の測定項目
動作値	各動作整定値
動作時間測定	0 Vから整定値の150％に急変にて動作時間測定

★ 判定基準に関してはJECまたは製造メーカーの示す範囲内とする

地絡過電圧継電器試験時の注意事項

VTTの試験用プラグから制御用電源を入力する際には、VTTの1次側と2次側を間違えて電圧を印加すると、VTを経由し低圧の電圧が高圧にステップアップし高圧の電圧が発生し非常に危険です。展開接続をよく確認し、VTTの1次側と2次側の配線をテスターやブザーなどで確認をしてください。

▶ 地絡方向継電器：試験項目と測定項目

JIS C4609［高圧受電用地絡方向継電装置］で規定されている試験項目と測定項目を**表3.14.12**に示します。

表3.14.12 試験項目と測定項目

試験項目	JIS規格の測定項目
動作電流特性	整定電圧値を最小値として、零相基準入力装置より整定電圧値の150%の電圧を印加し、零相変流器1次側の1線に製造会社が示す位相の電流を流し、動作値を測定
動作電圧特性	整定電流値を最小値として、零相変流器1次側の1線に整定電流値の150%の電流を流し、製造メーカーが示す位相の電圧を印加し、動作値を測定
位相特性	整定電流値および整定電圧値を最小として、整定電圧値の150%の電圧、整定電流値の1000%の電流を流し電流の位相を変化させて動作値を測定
動作時間測定	零相基準入力装置より整定電圧値の150%の電圧を印加し、零相変流器1次側の1線に動作位相にて整定電流値の130%および400%の電流を急変にて流し動作時測定

※ 判定基準に関してはJISまたは製造メーカーの示す範囲内とする

地絡方向継電器試験時の注意事項

　VTTの試験用プラグから制御用電源を入力する際には、VTTの1次側と2次側を間違えて電圧を印加すると、VTを経由し低圧の電圧が高圧にステップアップし高圧の電圧が発生し非常に危険です。展開接続をよく確認し、VTTの1次側と2次側の配線をテスターやブザーなどで確認をしてください。

▶漏電継電器：試験項目と測定項目

　JIS C 8374［漏電継電器］で規定されている試験項目と測定項目を表3.14.13に示します。

表3.14.13 試験項目と測定項目

試験項目	JIS規格の測定項目
感度電流測定	各動作整定値
動作時間測定	電流整定値の100%急変にて動作時間測定 反限時形は電流整定値の140%および440%急変にて動作時間測定

※ 判定基準に関してはJISCまたは製造メーカーの示す範囲内とする

3.14.7 インターロック試験

　遮断器などの操作が禁止となる条件において、操作ができないことを確認します。

　受電状態において遮断器が投入されている状態で断路器を投入してしまうと、負荷電流によりアークが発生して重大事故になってしまいます。また、断路器および遮断器が投入されている状態で断路器を開放してしまうと負荷電流によりアークが発生してしまいます。さらに、電力会社から供給される商用電源と非常用発電機の電源が並列に運転されてしまうと短絡事故が発生してしまいます。開閉器の操作により事故が発生する恐れがある場合は、機械的または電気的にインターロックを構成し、人的な操作による事故を防止します。

3.14.8 保護連動試験

　地絡事故が発生した際に、設備の損傷および人体への感電災害を防止し被害を最小限に留めるため、区間ごとに保護装置を設け電気設備を保護します。

　試験においては各故障（過負荷、短絡、地絡など）を模擬動作させ、故障発生時の遮断器、開閉器などの動作および故障表示、警報などが各監視制御場所で設計通りに動作することを確認します。故障の模擬試験では、展開接続図を確認して故障点に一番近い箇所で接点の短絡などを実施して模擬的に故障を発生させます。

3.14.9 絶縁用保護具

　自家用電気工作物の使用前自主検査では、電路の無電圧および絶縁耐力試験時の検電を実施するにあたり、絶縁用保護具などを身に付ける必要があります。絶縁用保護具は労働安全衛生規則に従って6カ月以内に絶縁に関する点検を実施しなければいけません。使用する前には使用前点検を実施し、絶縁用ゴム手袋、絶縁用ゴム長靴にピンホールなどはないかを確認をする必要があります。また、検電器に関しては動作確認ボタンにより正常に動作することを確認します。なお、絶縁耐力試験装置などの電圧を発生させることができる試験装置などがあった場合は、実際に電圧を発生させて検電器の動作確認を実施してください。

　使用する機器や用具には、検電器（音響発光式や風車式）、絶縁用ゴム手袋、写絶縁用ゴム長靴などがあります。

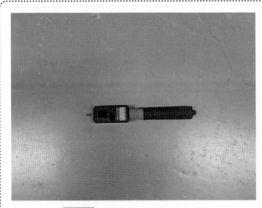

図3.14.19 検電器（音響発光式）

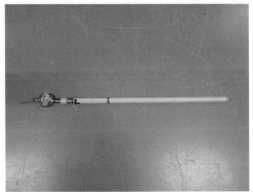

図3.14.20 検電器（風車式）

図3.14.21 絶縁用ゴム手袋

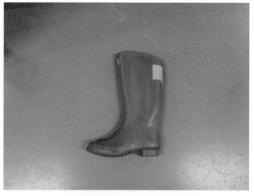

図3.14.22 絶縁用ゴム長靴

3.14.10 短絡接地

　短絡接地は定期点検および電路を停止し、設備の作業に着手するための安全処置として、短絡接地器具を取り付けます。誤操作による停止箇所への誤送電または、誘導等による感電を防止するために三相短絡接地してください。なお、復電時に短絡接地器具等の置き忘れがないか、短絡接地器具や短絡接地中の文字板の個数を確実に管理し、復電の際には使用前と同じ個数があることを確認します。

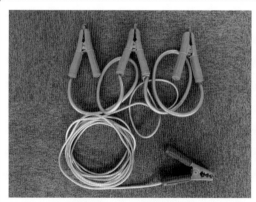

図3.14.23 三相短絡接地器具

図3.14.24 三相短絡接地表示

近年施工されていない工事

以下で紹介する工事は、近年ではほとんど行われていません。しかし既設の施設もあり、対応が必要な場合も考えられるため、本書ではその概要を簡単に紹介します。

1　がいし引き工事

　現在行われている電気工事の施工方法の中で、がいし引き工事は特殊な建物を除いて、新たに施工される例は極めて少ないのが現状です。しかし、少ないとはいえ民芸風に建てられる建物では今でも施工されています。また既存する古い建物の中には、いまだにがいし引き工事が残っており、その保守・管理も必要になります。

　がいし引き工事は電気工事の原点です。電線は絶縁電線（屋外用ビニル絶縁電線、引込用ビニル絶縁電線および引込用ポリエチレン絶縁電線を除く）を使用します。

■ ノップがいしの取り付け

1. ノップがいしを握り、がいしに適合した木ねじを、がいしの穴に通します。
2. ドライバで取付ねじを押しながら、ねじの先端を取付位置にあてがいます。
3. 取付面とねじが直角になるようにして、ドライバの頭を手のひらで2〜3回たたきます。
4. ドライバで木ネジ溝を強く押しながら、時計方向に回していきます。
5. がいしの面が取付面に平行に密着し、動かなくなるまでねじをもんでいきます。使用するドライバは、握り部分が大きく丸い通称「ノップドライバ」を使用すると、作業が容易です。

2　合成樹脂線ぴ工事

　合成樹脂線ぴ工事は、プレキャストコンクリート(PC)工法によるプレハブ住宅や鉄筋コンクリート集合住宅などにおいて、建物の内装ができあがってから配線工事を施設するための工法です。露出配線が容易で、体裁よく施工できることが特徴です。

　また、最近では線ぴ内にケーブルを収め、ケーブル配線工事の電路保護材として、増設・改修工事などに使用されています。

■ 使用電圧と施設場所の制限

　合成樹脂線ぴ工事は、使用電圧300V以下の配線に限られ、屋内の乾燥した次の場所に施設することができます。

　　✓ 展開した場所

✓点検できる隠ぺい場所（板張りなどの間仕切り壁の貫通施工ができる）

なお、線ぴは機械的強度が弱いので、重量物の圧力のかかる場所や著しい機械的衝撃を受ける恐れのある場所の配線には適しません。

■ 使用電線

電線は絶縁電線（屋内用ビニル絶縁電線を除く）で、ビニル絶縁電線、ゴム絶縁電線などを使用します。電線の太さは、単線1.6〜2.0 mm、より線2〜5.5 mm² までの電線が使用されています。また、合成樹脂線ぴ内にビニル絶縁ビニル外装平形ケーブル（VVF）、キャブタイヤケーブルを収める場合は、電技解釈第164条のケーブル工事として扱われています。

3 フロアダクト工事

フロアダクト工事は、銀行、会社などで机の配置や変更に応じて、コンセントの取り付けや、電話などの配線がその都度容易に体裁よく施工対応できるよう、あらかじめ建物の床に金属製のダクトを埋設する施工方法です。しかし実際の施工にあたっては、そのときの施工状況にもよりますが、多くの人員と作業時間を要する工法です。したがって作業にあたり、事前の計画と段取りが大切であり、そのため作業も取り付け、寸法、精度など緻密なものが要求されます。

フロアダクトの施設場所（電技解釈第156条）は、乾燥した点検できない隠ぺい場所と規定されています（屋内の乾燥したコンクリート、またはシリンダーコンクリートの床内の埋め込み）。使用電線は、絶縁電線（屋外用ビニル絶縁電線は除く）で、より線、あるいは直径3.2 mm（アルミ線にあっては4 mm）以下の単線が使用できます。

■ フロアダクトの敷設方法

フロアダクトを敷設する方法として、1列式（1ウェイ）、2列式（2ウェイ）、3列式（3ウェイ）などの方式があり、一般的にコンセント回路と電話回路と分けた2ウェイ（2W）方式が多く施工されていました。最近はOA用通信回路などが多くなり、3ウェイ方式も多く施工されるようになってきました。

4 セルラダクト工事

セルラダクトは1970年（昭和45年）に、ある建築現場において、特殊設計による施設の許可申請を行い、許可を受けてセルラダクト工事を施工したのが始まりです。その後、1977年（昭和52年）の2月に電技省令が一部改正され、「セルラダクト工事」が新たに追加されました。さらに、1986年（昭和61年）3月の一部改正により利用度が増加して、鉄鋼大手メーカーもセルラデッキ製造が本格化されました。

セルラダクトは、波形デッキプレート、床型枠材を利用したものと、専用に制作されたものとがあり、いずれもフロアダクトまたはヘッダダクトとの組み合わせで使用されています。

なお、セルラダクト工事は、建築工事に密接に関係するので、事前に関係者と打ち合わせを十分に行ってください。特に、スラブの耐火性能については、施工計画に時点で所轄の消防署と耐火措置について協議が必要です。

■ 施工上の注意

- ✓ 敷設場所は、屋内の乾燥した点検のできる隠ぺい場所、またはコンクリート床・シリンダーコンクリート床内に埋め込んで施設する
- ✓ 配線の使用電圧は、300V以下であること。電線は絶縁電線（屋外用ビニル絶縁電線は除く）で、より線、または直径3.2mm（アルミ線では4mm）以下の単線を仕様する
- ✓ ダクト内では、電線を接続しないこと。ただし、分岐接続する場合において、その接続点を容易に点検できるときは、この限りではない（ダクト上面に直径100mm以上の孔が設けてあれば、接続点が容易に点検できるものとみなされる）
- ✓ 収納する電線の本数は、電線の被絶縁物を含んだ断面積の総和が、当該ダクトのうち断面積の20%以下になるようにする。ただし、電光サイン装置、出退表示灯、その他これらに類する装置、または制御回路などの配線に使用される場合には、50%以下とすることができる
- ✓ ダクト内の電線を外部に引き出す場合は、ダクトの貫通部分で電線が損傷しないように滑らかにすることが大切である。ヘッダダクトからセルラダクトへ電線を引き込む接続孔には、適切なブッシングを取り付ける
- ✓ ダクト相互、ダクトと造営物の金属体、付属品およびダクトに接続する金属体とは、適切なジョイント材や止めねじなどで、機械的にも電気的にも確実に接続する
- ✓ 建築構造上のエキスパンションジョイント部は、ダクト接続材の穴を長穴にするなど、機械的伸縮に対応できるようにする
- ✓ ダクトおよび付属品は、水が溜まるような低い部分には設けないように施設する
- ✓ インサートスタットは、床面から突出しないように施設し、また、水が入らないようにする

5 平形保護層工事

　平形保護層配線方式は、事務所、展示場、店舗などの場所で、電力用フラットケーブルを床面とタイルカーペットの間、および壁面に布設する配線方式です。住宅においては、別途施工方法があるので注意が必要です。

　電力用フラットケーブルは薄く、保護層を含め約2mm程度で、タイルカーペットの下に施設されるので部屋の美観や通路の安全性、また、部屋内において机、端末機器などのレイアウト（模様替え）の変更にも配線替えが容易にできる方式です。

■ 施工上の注意

- ✓ 電力用フラットケーブルは、事務所、展示場、店舗などで使用される。使用禁止場所は次の通り
    - ＊旅館、ホテルまたは宿泊所等の宿泊室

＊小学校、中学校、盲学校、ろう学校、養護学校、幼稚園または保育園等の教室その他これに類する場所

＊病院または診療所等の病室

＊フロアヒーティングなど発熱線を施設した床面

＊粉じんの多い場所、可燃性ガス等の存在する場所、危険物等の存在する場所、火薬庫の電気設備

✓ 電力用フラットケーブルは、床面とタイルカーペット（スクエアカーペット）の間、または壁面に施設し造営材を貫通しないこと

✓ 電線は、電気用品安全法の適用を受ける平形導体合成樹脂絶縁電線であって、20A 用または 30A 用のもので、かつ、アース線を有するものであること

✓ 平形保護層内の電線を外部に引き出す部分は、ジョイントボックスを使用すること

✓ 接続部には、接続器を使用すること

✓ 電路の対地電圧は、150V 以下であること

✓ 定格電流が 30A 以下の過電流遮断器で保護される分岐回路であること

✓ 電路に地絡を生じたときに自動的に電路を遮断する装置を施設すること

✓ フラット絶縁導体の緑 / 黄または緑色で表示された接地用導体は、接地線として使用し、電源ボックス・中継接続ボックスの内部で D 種接地工事を施すこと。電源・中継ボックス・差し込み接続器（コンセントボックス）の金属製外箱にも D 種接地工事を施すこと

✓ メーカーによりケーブル、保護層の厚さや幅が異なるため、同一メーカーの物を使用することが望ましい。また、導体相互を接続する工具についても異なるため、同一メーカーの専用工具を使用すること

索引

さ

た

な

『百万人の電気工事（第3版）』執筆者一覧

株式会社　関電工

営業統轄本部　技術企画部	大塚　勝則
営業統轄本部　技術企画部	西野　剛志
営業統轄本部　技術企画部	三枝　晃
営業統轄本部　技術企画部	久保田　弘之
東京営業本部　品質工事管理部	篠原　利夫
東京営業本部　東京支店　西部支社	大久保　和郎
南関東・東海営業本部　品質工事管理部	志賀　耕次
東関東営業本部　品質工事管理部	川和田　恒夫

※所属は執筆時（2021年10月）現在

百万人の電気工事（第3版）

1997 年 2 月 20 日	第 1 版第 1 刷発行
1997 年 11 月 10 日	改訂版第 1 刷発行
2021 年 10 月 25 日	第 3 版第 1 刷発行
2024 年 5 月 10 日	第 3 版第 3 刷発行

編　集　関 電 工
発 行 者　村 上 和 夫
発 行 所　株式会社 オーム社
　　　　　郵便番号　101-8460
　　　　　東京都千代田区神田錦町 3-1
　　　　　電話　03（3233）0641（代表）
　　　　　URL　https://www.ohmsha.co.jp/

© 関電工 2021

組版　BUCH+　　印刷・製本　三美印刷
ISBN978-4-274-22748-6　Printed in Japan